甘孜州国家重点保护野生脊椎动物识别图鉴

（藏汉双语版）

GANZIZHOU GUOJIA ZHONGDIAN BAOHU YESHENG JIZHUI DONGWU SHIBIE TUJIAN

（ZANGHAN SHUANGYU BAN）

李　静　周华明／主编

四川科学技术出版社

图书在版编目（CIP）数据

甘孜州国家重点保护野生脊椎动物识别图鉴：藏汉双语版 / 李静，周华明主编．-- 成都：四川科学技术出版社，2024. 6. -- ISBN 978-7-5727-1409-2

Ⅰ．Q959.308-64

中国国家版本馆 CIP 数据核字第 202483W2E3 号

GANZIZHOU GUOJIA ZHONGDIAN BAOHU YESHENG JIZHUI DONGWU SHIBIE TUJIAN（ZANGHAN SHUANGYU BAN）

甘孜州国家重点保护野生脊椎动物识别图鉴（藏汉双语版）

主　编　李　静　周华明

出 品 人　程佳月
责任编辑　杨晓黎
封面设计　韩建勇
责任出版　欧晓春
出版发行　四川科学技术出版社
成都市锦江区三色路238号　邮政编码 610023
官方微博 http://weibo.com/sckjcbs
官方微信公众号 sckjcbs
传真 028－86361756
成品尺寸　185 mm × 260 mm
印　　张　20.25 字数 200 千字
印　　刷　四川华龙印务有限公司
版　　次　2024年6月第 1 版
印　　次　2024年6月第 1 次印刷
定　　价　298.00元

ISBN 978-7-5727-1409-2

邮　购：成都市锦江区三色路238号新华之星A座25层　邮政编码：610023
电　话：028-86361770

本《图鉴》的编著出版是列入2023年州级林草重点科研项目《甘孜州国家重点保护野生脊椎动物识别图册》的成果

本书使用说明

本书基于国家林业和草原局、农业农村部日前公布的《国家重点保护野生动物名录》（2021），对全州分布的国家重点保护野生脊椎动物进行了系统地整理，本书目录参照公布的名录顺序依次排序，每种物种的文字介绍包括中文名、拉丁学名、分类地位（目、科）、物种保护等级、识别要点、州内分布等，另配一张或多张图片。

主持单位：甘孜州林业和草原局
甘孜州科学技术局
甘孜州林业科学研究所

编纂委员会

主　任：黎昌盛

副主任：四朗郎加　甲花多吉　春　村　赖　爽　肖解放　代学冬
周　辉　周华明　阮光发

委　员：汤大彬　黄　勋　舒大文　陈　健　刘贵英　王孝松
焦　川　林心如　苏曲批　杨　斌　刘清勇　叶　娟
叶　涛　邓建琼　其麦泽翁　高树强　冉俊松　王浩森
杨建华　德　喜　杨　冬　余海清　刘昭强　陈　涛

主　　编： 李静　周华明

副主编： 杨冬　余海清　张旭　刘文辉

编　　委： 周华明　李静　杨冬　余海清　张旭　刘文辉
伍杰　帅伟　吴静　文嫱　吴佩泽　夏苗
文亮　徐瑶　王浩森　钱宗亮　蒋勇　王腊梅
李旭琴　泽仁志玛　张英　魏雯　郑笑傲　李英
乔江　何玥　蒋荣东　耿秋扎西　严加全　毛天翔
耿山山　向阳　王智晶　杨婕艺　陈万才　徐敏
倪建英　德庆多吉　苏久鹏　钟娟　邓珠　阿西龙
曲措　罗华林　严清勇　丁则洛珠　周梦娇　丹巴拉姆
四郎翁加　李佳　涂雪萍　景椿晋　陈丽　李忠伦

藏文翻译： 恩珠志玛

摄　　影： 王昌大　王刚　王杰　王小炯　王彦超　王楠
白皓天　汤开成　肖飞　肖诗白　乔丽华　危骞
张铭　张广磊　严加全　李晟　李静　李飏
李良衡　李思琪　何屹　邹滔　宋大昭　贡布扎西
曹林　杨广库　杨孝康　周忠荣　周华明　昝博川
骆晓耘　涂雪萍　唐万玲　崔士明　曾祥乐　彭憬
董磊　董江天

供图单位： 四川省农业科学院水产研究所
贡嘎山国家级自然保护区管理局
猫盟 CFCA
武汉中科瑞华生态科技股份有限公司

序 言

preface

由甘孜州林业科学研究所主持编写的《甘孜州国家重点保护野生脊椎动物识别图鉴（藏汉双语版）》出版了。该图鉴把我州现已调查研究发现的156种国家重点保护野生脊椎动物的保护等级、野外识别特征、分布等作了系统论述，图文并茂，藏汉对照，学术性和实用性兼容，是一本对全州开展野生动物资源保护管理、自然保护地建设、科研教学具有指导意义的工具书。

甘孜州地处青藏高原东南，是青藏高原向四川盆地和云贵高原过渡的地带，横断山脉贯穿全境，境内地势高差悬殊，地貌、气候和植被类型复杂多样。特殊的生态地理位置，孕育了丰富的生物多样性，造就了甘孜州十分丰富的野生脊椎动物资源，青藏高原特有的珍稀野生动物在甘孜州基本有分布，是我国生物资源及其多样性极其重要的、关键的地区之一。甘孜州在《全国主体功能区划》《全国生态功能区划》《中国生物多样性保护优先区域》中分别被定位为国家重点生态功能区、全国重要生态功能区、生物多样性保护优先区域。野生动物是人类的朋友，是自然生态系统的重要组成部分，是大自然赋予人类的宝贵资源。保护好野生动物对于维护自然生态平衡，促进全州野生动物保护事业向前发展，助力乡村振兴，助推全域旅游，切实服务生态旅游等方面具有重要现实意义。

党的十八大以来，在习近平生态文明思想引领下，甘孜州牢固树立“绿水青山就是金山银山”理念，将生物多样性保护工作作为可持续发展的基础、目标和手段，科学、合理和可持续地利用生物资源，从保护自然中寻找发展机遇，实现生物多样性保护和经济高质量发展双赢。该图鉴汇总了我州多年的野生动物保护研究成果，为我们做好该项工作提供了基础性研究资料。向参与编著该图鉴的专家和出版该图鉴的四川科学技术出版社表示衷心地感谢！

四川省甘孜藏族自治州林业和草原局

2024年2月

前　言

foreword

甘孜州地域辽阔，地广人稀，横断山脉纵贯全境，气候、地质、植被类型复杂多样，为众多的野生动物提供了生息繁衍的栖息地。据不完全统计，分布在甘孜州境内的野生脊椎动物有 129 科 762 种，其中国家重点保护野生脊椎动物有 50 科 156 种。野生动物资源是国家宝贵的自然资源，是大自然的瑰宝，是一种可持续发展的自然资源。

2006 年，彭基泰先生主持出版了《四川省甘孜藏族自治州国家级、省级重点保护野生动物野外识别保护手册》，受当时所掌握的资料和水平所限，加上国家和四川省对野生动物保护级别进行了调整，该识别手册已经不能适应甘孜州当前野生动物保护管理和自然保护地建设的需要，急需更新甘孜州国家重点保护野生脊椎动物名录。

在甘孜州林业和草原局的领导下，甘孜州林业科学研究所承担了编撰《甘孜州国家重点保护野生脊椎动物识别图鉴（藏汉双语版）》的任务。为了科学、准确地记录甘孜州分布的国家重点保护野生脊椎动物的种类、野外识别特征和分布，在前人的研究基础上，依据 2021 年国家林草局、农业农村部公布的《国家重点保护野生动物名录》，甘孜州林业科学研究所组织专家团队汇集众多专家学者的考察研究成果，开展调查研究，修订完善全州国家重点保护脊椎动物资源名录，并通过藏汉双语文字形式编辑、整理保护动物的识别要点、保护等级及种类分布等，以图文并茂的形式出版《甘孜州国家重点保护野生脊椎动物识别图鉴（藏汉双语版）》。

该图鉴在调查、编辑过程中，得到了主管部门的高度重视、密切关心，得到了四川省农业科学院水产研究所、贡嘎山国家级自然保护区管理局、 猫盟 CFCA、武汉中科瑞华生态科技股份有限公司及甘孜州 18 个县市林草局的大力协助支持，在此一并致谢。

本书可以供甘孜州生物多样性研究人员、野生动物保护和管理部门工作人员、鸟兽观赏爱好者使用，也可以作为科普工具书。由于调查时间和水平有限，该图鉴难免存在遗漏和错误，敬请读者朋友指正。

《甘孜州国家重点保护野生脊椎动物识别图鉴（藏汉双语版）》

编纂委员会

2024 年 2 月于康定

目 录

contents

兽类

鸟类

爬行类

两栖类

鱼类

兽　类

SHOULEI

1. 猕猴 *Macaca mulatta*

灵长目猴科　二级

识别要点：脸面瘦长，身体上半部分毛色为灰黄色、灰褐色，腰部以下为橙黄色或橙红色。臀胝发达，多为肉红色。

分布：全州 18 个县市。

༡ སྤྲེའུ། བློ་ལྡན་སྤྲེའུ་རིགས། རིམ་པ་གཉིས་པ།

ངོས་འཛིན་གཙོ་གནད། ངོ་རིང་ཞིང་རིད་ལ་ལུས་ཀྱི་སྟོད་ལ་སྤུ་མདོག་སྐྱ་བོ་དང་སྨུག་སྐྱ། སྐེད་པའི་འོག་ལ་ལི་སེར་རམ་ལི་དམར་བཅས་ཡོད། ཨོང་ཤ་རྒྱས་ཤིང་དམར་པོ་ཡིན།

ཁྱབ་གནས། ཁུལ་ཡོངས་ཀྱི་རྫོང་དང་གྲོང་ཁྱེར་བཅོ་བརྒྱད་དུ་གནས་ཡོད།

2. 藏酋猴 *Macaca thibetana*

灵长目猴科　　二级

识别要点：尾巴较短，不超过 10 cm。头大，雄性脸部肉色，眼周白色；雌性脸部红色，眼周粉红色。成年雄猴两颊有长毛，整体毛色深褐色。

分布：康定、泸定、九龙。

༢ སྤྲེའུ་སྨུག ནོ་ཐུབ་སྤྲེའུ་རིགས། རིམ་པ་གཉིས་པ།

ངོས་འཛིན་གཙོ་གནད། མཇུག་མ་ཐུང་ཞིང་ལི་སྨི་༡༠ལས་མི་བརྒལ་བ། ཕོ་རིགས་ཀྱི་མགོ་ཆེ་ཞིང་ཤ་མདོག་དང་། མིག་གི་མཐའ་དཀར་པོ་ཡིན། མོ་རིགས་ཀྱི་ངོ་གདོང་དམར་པོ་དང་། མིག་མཐའ་དམར་པོ་ཡིན། ནར་སོན་པའི་ཕོ་སྤྲེལ་གྱི་འགྲམ་གཉིས་སུ་སྤུ་རིང་པོ་སྐྱེས་ཡོད་པ་དང་། སྤྱིའི་སྤུ་མདོག་ནི་སྨུག་པོར་གྱུར་ཡོད།

ཁྱབ་གནས། དར་མདོ་དང་ལྕགས་ཟམ་ཁ། བརྒྱད་ཟིལ།

3. 川金丝猴 *Rhinopithecus roxellana*

灵长目猴科　　一级

识别要点：全身毛发金黄色，尾巴细长几乎与身体等长。脸面蓝色，鼻孔向上，肩部有长长的金色针毛。

分布：康定。

༣ སི་ཁྲོན་སྤྲེའུ་སྤྲ་སེར། བློ་ལྡན་གྱི་སྤྲེའུ་རིགས། རིམ་པ་དང་པོ།

ངོས་འཛིན་གཙོ་གནད། ལུས་ཡོངས་ཀྱི་སྤྲ་སེར་པོ་ཡིན་པ་དང་། མཇུག་མ་ཐུང་ཞིང་ཕྲ་ལ་ལུས་པོ་དང་རིང་ཐུང་ཆ་མཉམ་པ། གདོང་ནི་སྔོན་པོ་དང་སྣ་ཁུང་ཡར་ཕྱོགས་པ། ཕྲག་པར་གསེར་མདོག་གི་ཁབ་སྤྲ་རིང་པོ་ཞིག་ཡོད།

ཁྱབ་གནས། དར་མདོ།

4. 狼 *Canis lupus*

食肉目犬科　　二级

识别要点：外形与家犬相似，口鼻较细长，头骨粗壮，爪子粗而钝，双耳直立，尾巴蓬松。

分布：全州 18 个县市。

༤　སྤྱང་ཀི།　ཤ་གཟན་ཁྱིའི་རིགས།　　རིམ་པ་གཉིས་པའི་སྲུང་སྐྱོབ་སྲོག་ཆགས།

ངོས་འཛིན་གཙོ་གནད།　ཕྱི་དབྱིབས་ནི་སྒོ་ཁྱི་དང་འདྲ་ལ།　ཁ་སྣ་ཕྲ་ཞིང་རིང་བ།　མགོ་རུས་སྦོམ་པ།　སྡེར་མོ་སྦོམ་ཞིང་རྟུལ་བ།　རྣ་བྱང་དྲང་བ།　མཇུག་མ་སྤུ་སོབ་སོབ་བཅས་ཡིན།

ཁྱབ་གནས།　ཁུལ་ཡོངས་ཀྱི་རྫོང་དང་གྲོང་ཁྱེར་བཅོ་བརྒྱད་དུ་གནས་ཡོད།

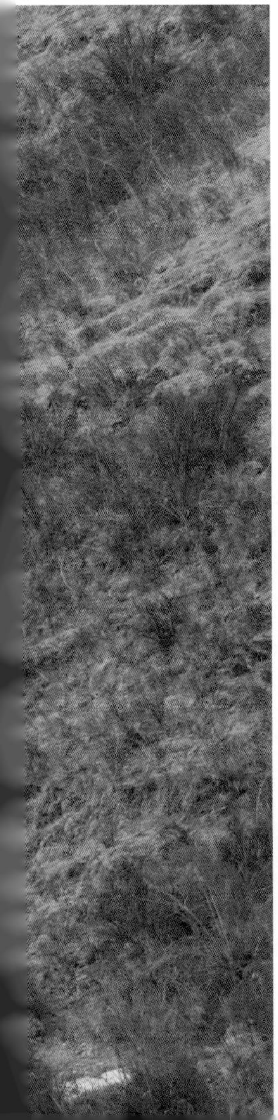

5. 豺 *Cuon alpinus*

食肉目犬科　　一级

识别要点：口鼻部较短，头部宽大，耳朵短圆，四肢较短。背部棕红色，头颈及四肢外侧棕褐色，腹部和四肢内侧为淡黄色或浅棕色。

分布：全州 18 个县市。

༥　འཕར་བ།　ཤ་གཟན་ཁྱིའི་རིགས།　རིམ་པ་དང་པོ།

ངོས་འཛིན་གཙོ་གནད།　ཁ་སྣ་ཐུང་ཐུང་བ་དང་།　མགོ་རྒྱ་ཆེ་བ།　རྣ་བ་ཐུང་ཞིང་སྒོར་དབྱིབས་ཡིན། རྐང་ལག་ཐུང་ཐུང་བ་བཅས་ཡིན།　རྒྱབ་ཀྱི་ཁ་དོག་དམར་པོ།　སྐེ་དང་རྐང་ལག་བཞིའི་ཕྱི་ངོས་སྨུག་པོ།　ལྟོ་བ་དང་རྐང་ལག་བཞིའི་ནང་ངོས་ནི་མདོག་སེར་པོའམ་སྨུག་སྐྱ་བཅས་ཡིན།

ཁྱབ་གནས།　ཁུལ་ཡོངས་ཀྱི་རྫོང་དང་གྲོང་ཁྱེར་བཅོ་བརྒྱད་དུ་གནས་ཡོད།

6. 藏狐 *Vulpes ferrilata*

食肉目犬科　　二级

识别要点：背部棕黄色，体侧浅灰色，腹部为浅白色或浅灰色。头颈及四肢都是浅红色。耳朵短小，尾巴蓬松短粗，尾尖白色。

分布：石渠、色达、德格、白玉。

༦ བོད་ཝ། ཤ་གཟན་ཁྱིའི་རིགས། རིམ་པ་གཉིས་པ།

ངོས་འཛིན་གཙོ་གནད། རྒྱབ་ཏུ་མདོག་སེར་སྐྱ་དང་། ལུས་པོའི་ལོགས་སུ་སྐྱ་མདོག གསུས་ཁོག་ཏུ་སྐྱ་བོའམ་སྐྱ་སྐྱ། སྐེ་དང་རྐང་ལག་ཚང་མ་དམར་པོ་རེད། རྣ་བ་ཆུང་ལ་ཐུང་བ། མཇུག་མ་ཐུང་ཞིང་སྤུ་སོབ་སོབ་ཡིན། ཇ་རྩེ་དཀར་པོ་ཡིན།

ཁྱབ་གནས། རྫ་ཆུ་ཁ། གསེར་རྟ། སྡེ་དགེ དཔལ་ཡུལ།

7. 赤狐 *Vulpes vulpes*

食肉目犬科　　二级

识别要点：双耳三角形直立，耳背黑色。通常背面毛色为棕红色，肩部及体侧为棕黑色，腹面为白色。尾巴长而蓬松，尾尖为白色。

分布：全州 18 个县市。

༧ ཝ་དམར། ཤ་གཟན་ཁྱིའི་རིགས། རིམ་པ་གཉིས་པ།

ངོས་འཛིན་གཙོ་གནད། རྣ་གཉིས་ཟུར་གསུམ་དབྱིབས་གྱོང་ངེར་ཡོད། རྣ་རྒྱབ་ནག་པོ་ཡིན། སྤྱིར་བཏང་དུ་རྒྱབ་ངོས་ཀྱི་སྤུ་མདོག་ནི་དམར་སྨུག་ཡིན་པ་དང་། ཕྲག་པའམ་ཡང་ན་གཟུགས་ཀྱི་ལོགས་ནི་ཁམ་ནག་ཡིན་ལ། གསུས་པའི་ངོས་ནི་དཀར་པོ་ཡིན། མཇུག་མ་རིང་ཞིང་སོབ་སོབ། ཇ་རྩེ་དཀར་པོ།

ཁྱབ་གནས། ཁུལ་ཡོངས་ཀྱི་རྫོང་དང་གྲོང་ཁྱེར་བཅོ་བརྒྱད་དུ་གནས་ཡོད།

8. 棕熊 *Ursus arctos*

食肉目熊科　　二级

识别要点：体型健硕，头大而圆，肩背隆起，毛发粗密。爪尖粗钝，尾巴较短。毛发颜色多样，有金色、棕色、黑色等。

分布：全州 18 个县市。

༨　དྲེད་མོང་། དོམ། ཤ་གཟན་དོམ་རིགས། རིམ་པ་གཉིས་པ།

ངོས་འཛིན་གཙོ་གནད། གཟུགས་གཞི་བདེ་ཐང་ཡིན་ལ། མགོ་ཆེ་ཞིང་སྒོར་མོ་ཡིན། ཕྲག་པའི་རྒྱབ་འབུར་བ། སྤུ་མཐུག་པོ། སྡེར་མོ་ཕྲ་ཞིང་རྟུལ་ལ་མཇུག་མ་ཐུང་བ། སྤུ་མདོག་སྣ་མང་ཡིན་ལ། གསེར་མདོག་དང་། ཟྭ་མདོག ནག་པོ་སོགས་ཡོད།

ཁྱབ་གནས། ཁུལ་ཡོངས་ཀྱི་རྫོང་དང་གྲོང་ཁྱེར་བཅོ་བརྒྱད་དུ་གནས་ཡོད།

9. 黑熊 *Ursus thibetanus*

食肉目熊科　　二级

识别要点：身体粗壮，头部宽圆，耳朵较大。毛色亮，下颏白色，胸部有“V”形白色或淡黄色斑。

分布：全州 18 个县市。

༩　དོམ་ནག ཤ་གཟན་དོམ་རིགས།　རིམ་པ་གཉིས་པ།

ངོས་འཛིན་གཙོ་གནད། ལུས་པོ་སྦོམ་ཞིང་རྒྱས་པ། མགོ་ཆེ་ཞིང་སྒོར་མོ། རྣ་བ་ཅུང་ཆེ་བ་བཅས་ཡིན། སྤུ་མདོག་གསལ་བ། ཀོས་ཀོ་དཀར་པོ། བྲང་དུ་Vདབྱིབས་ཀྱི་མདོག་དཀར་པོའམ་སེར་སྐྱའི་ཁྲ་ཐིག་ཡོད།

ཁྱབ་གནས། ཁུལ་ཡོངས་ཀྱི་རྫོང་དང་གྲོང་ཁྱེར་བཅོ་བརྒྱད་དུ་གནས་ཡོད།

10. 大熊猫 *Ailuropoda melanoleuca*

食肉目大熊猫科　　一级

识别要点：体型肥硕，头圆尾短，头部和身体毛色黑白相间，有着圆圆的脸颊，大大的黑眼圈，极具辨识度。

分布：康定、泸定、九龙。

༡༠ དོམ་ཁྲ། བྱི་ལ་དོམ། ཤ་གཟན་དོམ་རིགས། རིམ་པ་དང་པོ།

ངོས་འཛིན་གཙོ་གནད། གཟུགས་གཞི་རྒྱགས་པ། མགོ་སྒོར་ཞིང་རྔ་མ་ཐུང་བ། མགོ་དང་ལུས་ཀྱི་སྤུ་མདོག་དཀར་ནག་འདྲེས་མ་ཡིན། ངོ་གདོང་སྒོར་སྒོར་དང་། མིག་མཐའ་ནག་པོ་ཆེན་པོ་ཡིན་ལ། དབྱེ་འབྱེད་དང་ངོས་འཛིན་བྱེད་སླ་པོ་ཡོད།

ཁྱབ་གནས། དར་མདོ། ལྕགས་ཟམ་ཁ། བརྒྱད་ཟིལ།

11. 小熊猫 *Ailurus fulgens*

食肉目小熊猫科　　二级

识别要点：全身红褐色。圆脸，吻部较短，脸颊有白色斑纹。耳大，直立向前，四肢粗短黑褐色，尾巴长而蓬松，并有数条红暗相间的环纹，尾尖黑褐色。

分布：康定、泸定、丹巴、九龙、稻城、得荣、乡城、巴塘、理塘、雅江。

༡༡ དོམ་ཕྲུག ཤ་གཟན་ཅན་གྱི་དོམ་ཕྲུག་རིགས། རིམ་པ་གཉིས་པ།

ངོས་འཛིན་གཙོ་གནད། ལུས་ཡོངས་དམར་སྨུག་ཡིན་ཞིང་།གདོང་གོར་གོར་དང་མཆུ་ཏོ་ཅུང་ཐུང་། གདོང་ལ་ཁྲ་ཐིག་དཀར་པོ་ཡོད། རྣ་བ་ཆེ་ཞིང་དྲང་མོ་མདུན་དུ་སྒྲོད་པ། རྐང་ལག་བཞི་སྦོམ་ཞིང་ཐུང་བ་ཁམ་ནག་རྔ་མ་རིང་ཞིང་ཟིང་ཟིང་ཡིན། དམར་ནག་འདྲེས་མའི་སྒྲིའི་རི་མོ་མང་པོ་ཡོད་ཅིང་། རྔ་རྩེ་ཁམ་ནག་ཡིན་པ།

ཁྱབ་གནས། དར་མདོ། ལྕགས་ཟམ་ཁ། རོང་བྲག བརྒྱད་ཟིལ། འདབ་པ། སྡེ་རོང་། ཕྱག་ཕྲེང་། འབའ་ཐང་། ལི་ཐང་། ཉག་ཆུ་ཁ།

12. 黄喉貂 *Martes flavigula*

食肉目鼬科　　二级

识别要点：身体细长，耳朵短圆，腿短小，头颈部、尾巴及四肢均为暗棕色至黑褐色；喉胸部及腰部均为黄褐色。

分布：全州 18 个县市。

༡༢ ཨོལ་སེར་ཨོག་དཀར། ཤ་གཟན་ཅན་གྱི་སྲེ་མོང་རིགས། རིམ་པ་གཉིས་པ།

ངོས་འཛིན་གཙོ་གནད། ལུས་པོ་ཕྲ་ཞིང་རིང་བ། རྣ་བ་ཐུང་ཞིང་ཟླུམ་པོ། རྐང་པ་ཐུང་བ། སྐེ་དང་ཇེ་མ། རྐང་ལག་བཞི་ཚང་མ་རྫ་མདོག་ནས་ཁམ་ནག་ཡིན་ལ། མིད་པ་དང་བྲང་ཁ། སྐེད་པ་ཚང་མ་ཁམ་སེར་ཡིན།

ཁྱབ་གནས། ཁུལ་ཡོངས་ཀྱི་རྫོང་དང་གྲོང་ཁྱེར་བཅོ་བརྒྱད་དུ་གནས་ཡོད།

13. 石貂 *Martes foina*

食肉目鼬科　　二级

识别要点：体型细长，毛色为单一的灰褐色或淡褐色，头部呈三角形，吻鼻部较尖，身体粗壮，四肢短粗，爪尖利而弯曲，喉胸部有鲜明的白色或皮黄色斑块。

分布：全州 18 个县市。

༡༣ ཨོག་དཀར། ཤ་གཟན་ཅན་གྱི་སྲེ་མོང་རིགས། རིམ་པ་གཉིས་པ།

ངོས་འཛིན་གཙོ་གནད། གཟུགས་དབྱིབས་ཕྲ་ཞིང་རིང་བ་སྤུ་མདོག་སྣ་གཅིག་ཡིན་པའི་སྐྱ་མདོག་ཡིན། མགོ་བོ་ཟུར་གསུམ་དབྱིབས་སུ་མངོན་པ། སྣ་མཆུ་ཅུང་རྣོ་ཞིང་ལུས་པོ་སྦོམ་པ། རྐང་ལག་བཞི་ཐུང་ཞིང་སྦོམ་པ། སྡེར་མོ་རྣོ་ཞིང་འཁྱོག་པ། མིད་པ་དང་བྲང་ཁར་མངོན་གསལ་གྱི་མདོག་དཀར་པོའམ་སེར་པོའི་ཁྲ་ཐིག་ཡོད།

ཁྱབ་གནས། ཁུལ་ཡོངས་ཀྱི་རྫོང་དང་གྲོང་ཁྱེར་བཅོ་བརྒྱད་དུ་གནས་ཡོད།

14. 水獭 *Lutra lutra*

食肉目鼬科　　二级

识别要点：半水栖性，身体细长，呈扁圆形，头部宽而稍扁，吻鼻部较短且周围具有长须，耳朵小而圆。四肢短。整体灰褐色，喉及颈下灰白色。

分布：全州 18 个县市。

༡༨ ཆུ་སྲམ། ཤ་གཟན་ཅན་གྱི་སྲེ་མོང་རིགས། རིམ་པ་གཉིས་པ།

ངོས་འཛིན་གཙོ་གནད། ཆུ་གནས་རང་བཞིན་ཕྱེད་ཀ་ལྡན་པ། ལུས་པོ་ཕྲ་ཞིང་རིང་བ། གོར་དབྱིབས་ཡིན་པ། མགོ་བོ་ཞེང་ཆེ་ཞིང་ལེབ་པ། སྣ་ལ་འོ་བྱས་ན་ཐུང་ཐུང་བ་མ་ཟད་མཐའ་འཁོར་དུ་རིང་ཞིང་རྣ་བ་ཆུང་ལ་ཟླུམ་པོ་ཡིན། རྐང་ལག་བཞི་ཐུང་། སྤྱི་ཡོངས་ནི་སྐྱ་མདོག་ཡིན་པ། མིད་པ་དང་སྐེ་འོག་གི་དཀར་སྐྱ་ཡིན།

ཁྱབ་གནས། ཁུལ་ཡོངས་ཀྱི་རྫོང་དང་གྲོང་ཁྱེར་བཅོ་བརྒྱད་ལ་ཁྱབ་ཡོད།

15. 斑林狸 *Prionodon pardicolor*

食肉目林狸科　　二级

识别要点：体型较小，全身黄褐色，体背有棕黑色大小不一的圆斑。颈背有两条黑色颈纹。面部无斑纹。圆柱形的长尾具有数条暗色环，尾尖淡白色。

分布：泸定。

༡༥ ནགས་ཕྱི། ཤ་ཟ་བའི་ནགས་ཚལ་ཕྱི་རིགས། རིམ་པ་གཉིས་པ།

ངོས་འཛིན་གཙོ་གནད། གཟུགས་གཞི་ཆུང་ཆུང་བ་དང་། ལུས་ཡོངས་ཁམ་སེར་ཡིན་པ། ལུས་རྒྱབ་ཏུ་སེར་ནག་ཆེ་ཆུང་མི་འདྲ་བའི་གོར་ཐིག་ཡོད། སྐེ་ལ་སྐེ་རིས་ནག་པོ་གཉིས་ཡོད། གདོང་ལ་ཁྲ་ཐིག་མེད་པ། ཀ་ཟླུམ་དབྱིབས་ཀྱི་རྔ་མ་རིང་པོ་ལ་མདོག་ནག་པོའི་གདུབ་བུ་འགའ་ཡོད་ལ།རྔ་རྩེ་དཀར་པོ་ཡིན།

ཁྱབ་གནས། ལྕགས་ཟམ་ཁ།

16. 荒漠猫 *Felis bieti*

食肉目猫科　　一级

识别要点：背部和四肢浅黄灰色，背部中间红棕色，全身无明显条纹。耳尖有短簇毛，脸颊有两道横纹。尾巴与体色相同，尾端具数条暗纹，尾尖黑色。

分布：全州 18 个县市。

༡༦ རྒྱང་ཐང་བྱི་ལ། ཤ་གཟན་ཅན་གྱི་བྱི་ལའི་རིགས། རིམ་པ་དང་པོ།

ངོས་འཛིན་གཙོ་གནད། ལུས་རྒྱབ་དང་རྐང་ལག་བཞི་མདོག་སྐྱ་བོ་ཡིན་པ་དང་།རྒྱབ་དཀྱིལ་དུ་དམར་སེར་ཡིན་པ།ལུས་ཡོངས་སུ་མངོན་གསལ་གྱི་ཐིག་རིས་མེད་པ། རྣ་རྩེ་ན་སྤུ་ཐུང་ཡོད་པ་དང་། འགྲམ་པར་འཕྲེད་རིས་གཉིས་ཡོད་ཅིང་། རྔ་མ་དང་ལུས་མདོག་གཅིག་པ་རེད། མཇུག་སྣེ་ན་རི་མོ་སྨུག་རིས་མང་པོ་ཡོད་དང་། རྔ་རྩེ་ནག་པོ་ཡིན།

ཁྱབ་གནས། ཁུལ་ཡོངས་ཀྱི་རྫོང་དང་གྲོང་ཁྱེར་བཅོ་བརྒྱད་དུ་གནས་ཡོད།

17. 兔狲 *Otocolobus manul*

食肉目猫科　　二级

识别要点：体型短粗，肥胖。耳短宽，耳尖圆钝，两耳距离较远。脸部有黑白相间的条纹。尾巴粗圆，上面有明显的数条黑色细纹，尾尖黑色。

分布：全州 18 个县市。

༡༧ བྱི་ལ་བྲག་སྐྱ། ཤ་གཟན་ཅན་གྱི་བྱི་ལའི་རིགས། རིམ་པ་གཉིས་པ།

ངོས་འཛིན་གཙོ་གནད། གཟུགས་དབྱིབས་ཐུང་ཞིང་སྦོམ་པ།ལུས་པོ་ཚོན་པོ་ཡིན། རྣ་བ་ཐུང་ཞིང་ཞེང་ཆེ་བ་དང་། རྣ་བ་རྩེ་ཞིང་རྟུལ་བ། རྣ་བ་གཉིས་བར་ཐག་ཅུང་རིང་བ། ངོ་གདོང་ལ་དཀར་ནག་འདྲེས་མའི་ཐིག་རིས་ཡོད། རྔ་མ་སྦོམ་ཞིང་སྒོར་བ། དེའི་ཐོག་ཏུ་མངོན་གསལ་གྱི་རི་མོ་ནག་པོ་འགའ་ཡོད་ཅིང་། རྔ་རྩེ་ནག་པོ་ཡིན།

ཁུལ་གནས། ཁུལ་ཡོངས་ཀྱི་རྫོང་དང་གྲོང་ཁྱེར་བཅོ་བརྒྱད་དུ་གནས་ཡོད།

18. 猞猁 *Lynx lynx*

食肉目猫科　　二级

识别要点：体粗壮，尾极短。四肢粗长而矫健，耳尖有黑色耸立簇毛，两颊具下垂的长毛。尾尖黑色。

分布：全州 18 个县市。

༡༨ གཡི། ཤ་གཟན་ཅན་གྱི་བྱི་ལའི་རིགས། རིམ་པ་གཉིས་པ།

ངོས་འཛིན་གཙོ་གནད། གཟུགས་པོ་སྦོམ་ཞིང་རྔ་མ་ཐུང་། རྐང་ལག་བཞི་སྦོམ་ཞིང་བདེ་ལྷུག་འཁྱུག་པ་རྣ་རྩེ་ན་སྤུ་ནག་པོ་ཀྲོང་ངེར་འཕྱིང་བ། འགྲམ་གཉིས་ཐུར་དུ་འཕྱང་བའི་སྤུ་རིང་། རྔ་རྩེ་ནག་པོ་ཡིན།

ཁྱབ་གནས། ཁུལ་ཡོངས་ཀྱི་རྫོང་དང་གྲོང་ཁྱེར་བཅོ་བརྒྱད་དུ་གནས་ཡོད།

19. 金猫 *Pardofelis temminckii*

食肉目猫科　　一级

识别要点：眼角内侧各有一条白纹，额头有带黑边的棕黄色宽纹，一直向后伸展至枕部。耳背为黑色。虽然毛色复杂多样，但其尾巴均为两种颜色，上面似体色，下面浅白色。

分布：全州 18 个县市。

༡༩ གསེར་ཞུམ། ཤ་གཟན་ཅན་གྱི་བྱི་ལའི་རིགས། རིམ་པ་དང་པོ།

ངོས་འཛིན་གཙོ་གནད། མིག་ཟུར་ནང་ལོགས་སུ་རི་མོ་དཀར་པོ་རེ་ཡོད། ཐོད་པར་མཐའ་ནག་པོ་ཡོད་པའི་སེར་མདོག་གི་རི་མོ་ཡོད་ཅིང་། དེ་རྒྱབ་ཕྱོགས་སུ་ལྟག་པ་བར་དུ་བསྲིངས་ཡོད། རྣ་རྒྱབ་མདོག་ནག་པོ་ཡིན། སྤུ་མདོག་སྣ་མང་རྙོག་འཛིང་ཆེ་མོད།འོན་ཀྱང་རྔ་མ་ཚང་མ་ཁ་དོག་རིགས་གཉིས་ཡིན། ཁོག་སྟོད་ལུས་མདོག་་དང་འདྲ། ཁོག་སྨད་ནི་དཀར་སྐྱ་ཡིན།

ཁྱབ་གནས། ཁུལ་ཡོངས་ཀྱི་རྫོང་དང་གྲོང་ཁྱེར་བཅོ་བརྒྱད་དུ་གནས་ཡོད།

20. 豹猫 *Prionailurus bengalensis*

食肉目猫科　　二级

识别要点：身体的纹路似豹。从头部至肩部有四条黑褐色条纹，两眼内侧向上至头后各有一条白纹。耳背黑色，有一块明显的白斑。全身背面体毛为棕黄色或淡棕黄色，布满不规则黑斑点。

分布：全州 18 个县市。

༢༠ གཟིག་ཞུམ། ཤ་གཟན་ཅན་གྱི་བྱི་ལའི་རིགས། རིམ་པ་གཉིས་པ།

ངོས་འཛིན་གཙོ་གནད། ལུས་པོའི་རི་མོ་གཟིག་དང་འདྲ། མགོ་ནས་ཕྲག་པའི་བར་དུ་མདོག་ནག་པོའི་ཐིག་རིས་བཞི་ཡོད་པ་དང་།མིག་གཉིས་ཀྱི་ནང་ངོས་ནས་མགོ་རྒྱབ་བར་དུ་རི་མོ་དཀར་པོ་རེ་ཡོད། རྣ་རྒྱབ་ནག་པོ་ཡིན་པས་དཀར་ཐིག་མངོན་གསལ་ཞིག་ཡོད། ལུས་ཡོངས་ཀྱི་རྒྱབ་ངོས་ཀྱི་སྤུ་ནི་ཁམ་སེར་དང་སེར་སྐྱ་ཡིན་ལ། ཚུལ་ལྡན་མེད་པའི་ནག་ཐིག་གིས་ཁེངས་ཡོད།

ཁྱབ་གནས། ཁུལ་ཡོངས་ཀྱི་རྫོང་དང་གྲོང་ཁྱེར་བཅོ་བརྒྱད་དུ་གནས་ཡོད།

21. 豹 *Panthera pardus*

食肉目猫科　　一级

识别要点：头小而圆，耳短，耳背黑色，耳尖黄色。毛皮黄色，布满黑色环斑，头部的斑点小而密，背部的斑点密而较大，斑点呈圆形或椭圆形的梅花状图案。

分布：全州 18 个县市。

༢༡ གཟིག ཤ་གཟན་ཅན་གྱི་བྱི་ལའི་རིགས། རིམ་པ་དང་པོ།

ངོས་འཛིན་གཙོ་གནད། མགོ་ཆུང་ལ་སྒོར་དབྱིབས། རྣ་ཐུང་། རྣ་རྒྱབ་མདོག་ནག་པོ།རྣ་རྩེ་སེར་པོ་ཡིན། པགས་པ་སེར་པོ། གདུག་ཁྲ་ནག་པོ་གང་ཡོད་ཅིང་མགོ་ལ་ཁྲ་ཐིག་ཆུང་ཞིང་སྟུག་པོ་ཡིན་ལ། རྒྱབ་ཀྱི་ཁྲ་ཐིག་མང་ལ་ཅུང་ཆེ། ཁྲ་ཐིག་སྒོར་དབྱིབས་སམ་ཡང་ན་འཇོང་དབྱིབས་ཁྲ་རིས་ཀྱི་རི་མོ་ཡོད།

ཁྱབ་གནས། ཁུལ་ཡོངས་ཀྱི་རྫོང་དང་གྲོང་ཁྱེར་བཅོ་བརྒྱད་དུ་གནས་ཡོད།

22. 雪豹 *Panthera uncia*

食肉目猫科　　一级

识别要点：全身灰白色，布满黑斑。头部黑斑小而密；背部、体侧及四肢外缘形成不规则的黑环，越往体后黑环越大。尾巴长而粗大，尾尖黑色。

分布：全州 18 个县市。

༢༢ གསའ། ཤ་གཟན་ཅན་གྱི་བྱི་ལའི་རིགས། རིམ་པ་དང་པོ།

ངོས་འཛིན་གཙོ་གནད། ལུས་ཧྲིལ་པོ་དཀར་སྐྱ་ཡིན་པ་དང་།ཐིག་ལེ་ནག་པོ་ཁྱབ་ཡོད།མགོའི་ནག་ཁྲ་ཆུང་ཞིང་སྟུག་པོ།རྒྱབ་དང་གཟུགས་ཀྱི་གཞོགས་ངོས། རྐང་ལག་བཞིའི་ཕྱིར་མཐའ་ཚུལ་ལྡན་མིན་པ་ནག་ཐིག་ཆགས་ཡོད། དེ་མ་ཟད་རྒྱབ་ན་ནག་ཐིག་ཇེ་ཆེ་ནས་ཆེ། རྔ་མ་རིང་ཞིང་སྦོམ་པོ་ཡིན་ལ། རྔ་རྩེ་ནག་པོ་ཡིན།

ཁྱབ་གནས། ཁུལ་ཡོངས་ཀྱི་རྫོང་དང་གྲོང་ཁྱེར་བཅོ་བརྒྱད་དུ་གནས་ཡོད།

23. 藏野驴 *Equus kiang*

奇蹄目马科　　一级

识别要点：身体背面棕色至棕红色，腹面和四肢白色至灰白色，在体侧各有一条明显的背腹面分界线，颈后部有直立的鬃毛。

分布：石渠。

༢༣ བོད་རྐྱང་།　རྨིག་པ་ཅན་གྱི་རྟའི་རིགས། རིམ་པ་དང་པོ།

ངོས་འཛིན་གཙོ་གནད།　ལུས་པོའི་རྒྱབ་ངོས་ཀྱི་སྨུ་མདོག་ནི་ཛ་མདོག་ནས་ཛ་མདོག་སྨུག་པོ།གསུས་ངོས་དང་རྐང་ལག་བཞི་སྨུ་མདོག་ནི་དཀར་པོ་ནས་དཀར་སྐྱ་ཁེམ་ཡོད།ལུས་པོའི་གཞོགས་ངོས་སོ་སོར་ན་མངོན་གསལ་གྱི་གསུས་ངོས་དབྱེ་མཚམས་ཞིག་ཡོད།མཇིང་རྒྱབ་ལ་གྱོང་ངེར་ལངས་པའི་ཟེ་རྫོག་མའི་ཁེངས་ཡོད།

ཁྱབ་གནས། ཛ་ཆུ་ཁ།

24. 林麝 *Moschus berezovskii*

偶蹄目麝科　　一级

识别要点：前肢比后肢短，雄性上犬齿发达，形成露出嘴外的“獠牙”。喉部有两条明显的浅黄色条纹，向下延伸至胸部相连。耳内密布较长的白毛，耳尖黑色。尾粗短。

分布：全州 18 个县市。

༢༤ ནགས་གླ། རྨིག་པ་ཁ་དབྲག་ཅན་གྱི་གླ་བ་རིགས། རིམ་པ་དང་པོ།

ངོས་འཛིན་གཙོ་གནད། རྐང་སྣུག་ལས་ལག་སྣུག་ཐུང་ཞིང་།ཕོ་ཐོག་མཆེ་བ་རྒྱས་པ་དང་།ཁའི་ཕྱིར་མངོན་པ་མཆེ་བ་ཆགས། མིད་པརམངོན་གསལ་གྱི་མདོག་སེར་སྐྱ་ཅན་གྱི་ཐིག་རིས་གཉིས་ཡོད་པ་དང་། མར་ལ་བསྲིངས་ནས་བྲང་ཁ་དང་སྦྲེལ་ཡོད། རྣ་ནང་དུ་སྤུ་དཀར་མཐུག་པོ་འཁྲིགས་ཡོད་ལ། རྣ་རྩེ་ཡང་ནག་པོ་ཡིན།མཇུག་མ་ཐུང་ཞིང་སྦོམ་པོ་ཡིན་ནོ།

ཁྱབ་གནས། ཁུལ་ཡོངས་ཀྱི་རྫོང་དང་གྲོང་ཁྱེར་བཅོ་བརྒྱད་དུ་གནས་ཡོད།

25. 马麝 *Moschus chrysogaster*

偶蹄目麝科　　一级

识别要点：背部毛色灰色至灰棕色，腹部毛色较浅。颈部背面有旋涡状的毛发，而形成独特的横斑状斑纹。

分布：全州 18 个县市。

༢༥ རྟ་གླ། རྨིག་པ་ཁ་དབྱག་ཅན་གྱི་གླ་བ་རིགས། རིམ་པ་དང་པོ།

ངོས་འཛིན་གཙོ་གནད།　རྒྱབ་ཀྱི་སྤུ་མདོག་སྐྱ་བོ་ནས་རྫ་མདོག་ཡིན་ལ་གསུས་པའི་སྤུ་མདོག་ཅུང་སྐྱབ་པོ་ཡིན། སྐེའི་རྒྱབ་ངོས་སུ་ཆུ་འཁོར་དབྱིབས་ཀྱི་སྤུ་ཡོད་ཅིང་། དེ་ལས་ཐུན་མོང་མ་ཡིན་པའི་འཕྲེད་ཁྲ་དབྱིབས་ཀྱི་ཁྲ་ཐིག་གྲུབ་ཡོད་དོ།

ཁྱབ་གནས།　ཁུལ་ཡོངས་ཀྱི་རྫོང་དང་གྲོང་ཁྱེར་བཅོ་བརྒྱད་དུ་གནས་ཡོད།

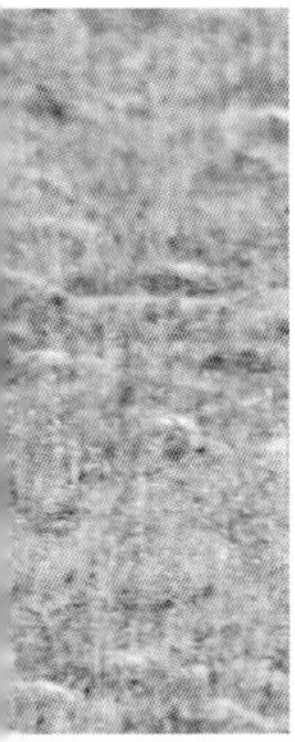

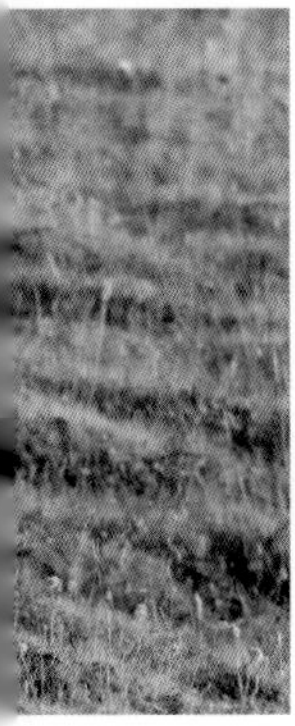

26. 水鹿 *Cervus equinus*

偶蹄目鹿科　　二级

识别要点：毛色通常为暗棕红色至棕黑色。尾巴黑色，尾毛长而蓬松，尾巴腹面白色。成年雄性具有粗壮的三叉鹿角。

分布：全州 18 个县市。

༢༦ ཤྭ་བ་སེར་ཆེན། རྨིག་པ་ཁ་དབྱེ་ཅན་གྱི་ཤྭ་བ་རིགས། རིམ་པ་གཉིས་པ།

ངོས་འཛིན་གཙོ་གནད། སྤུ་མདོག་མང་ཚམ་སྨུག་ནག་ནས་ནག་པོ་ཡིན་ལ།རྔ་མ་ནག་པོ་ཡིན་ལ་དེའི་སྤུ་རིང་ལ་སོབ་སོབ་ཡང་ཡིན།མཇུག་མའི་གསུངས་ངོས་དཀར་པོ་ཆགས་ཡོད།ནར་སོན་པའི་ཕོ་རིགས་ལ་སྦོམ་ཞིང་རྒྱས་པའི་ཁ་དབྱེ་གསུམ་ལྡན་གྱི་ཤྭ་ར་ཡོད།

ཁྱབ་གནས། ཁུལ་ཡོངས་ཀྱི་རྫོང་དང་གྲོང་ཁྱེར་བཅོ་བརྒྱད་དུ་གནས་ཡོད།

27. 西藏马鹿 *Cervus wallichii*（*C. w. macneilli*）

偶蹄目鹿科　　一级

识别要点：背脊中央有一条深色纵纹，具有明显的大型白色或污白色臀斑；雄性的角分叉较多，第二叉紧靠眉叉。

分布：州内折多山以西各县市。

༢༧ བོད་སྔོངས་ཤྭ་བ། རྨིག་པ་ཁ་དབྲག་ཅན་གྱི་ཤྭ་བ་རིགས། རིམ་པ་གཉིས་པ།

ངོས་འཛིན་གཙོ་གནད། སྒལ་ཚིགས་དཀྱིལ་དུ་མདོག་ཟབ་པའི་གཞུང་རིས་ཤིག་ཡོད་པ་དང་། དེ་ལ་མངོན་གསལ་ཆེ་གྲས་སྤུ་མདོག་དཀར་པོ་ཡང་ན་ཨང་ཤ་དཀར་མོ་ཡོད་ལ། ཕོ་རིགས་ཀྱི་རྭ་ཅོ་ཁ་དབྲག་མང་ཆེ་བ་དང་། ཁ་དབྲག་གཉིས་པ་སྨིན་མ་ལ་ཉེ་ཡོད།

ཁྱབ་གནས། ཁུལ་ནང་གཡར་ར་ལའི་ནུབ་ཕྱོགས་སུ་རྫོང་དང་གྲོང་ཁྱེར་ཁག་ཏུ་གནས་ཡོད།

28. 白唇鹿 *Przewalskium albirostris*

偶蹄目鹿科　　一级

识别要点：有白色的下唇，白色延续到喉上部和嘴的两侧。成年雄鹿长角，除了基部呈圆形外，其余均呈扁圆状。

分布：州内折多山以西各县市。

༢༨ ཤྭ་བ་མཆུ་དཀར། རྨིག་པ་ཁ་དབྱག་ཅན་གྱི་ཤྭ་བ་རིགས། རིམ་པ་དང་པོ།

ངོས་འཛིན་གཙོ་གནད། མདོག་དཀར་པོ་ཅན་གྱི་མཆུ་སྨྲོས་ཡོད་པ་དང་། དཀར་པོ་མེད་པའི་སྟོད་དང་ཁ་ཡི་གཞོགས་གཉིས་སུ་རྒྱུན་མཐུད་པ་ཡིན། ནར་སོན་པའི་ཤྭ་ཕོ་རྭ་རིང་བ་དང་།དེའི་གཞི་ནི་སྒོར་དབྱིབས་ཡིན་པ་ལས་གཞན་རྣམས་ཚང་མ་ལེབ་དབྱིབས་ཡིན་ནོ།

ཁྱབ་གནས། ཁུལ་ནང་གཡར་ར་ལའི་ནུབ་ཕྱོགས་སུ་རྫོང་དང་གྲོང་ཁྱེར་ཁག་ཏུ་གནས་ཡོད།

29. 毛冠鹿 *Elaphodus cephalophus*

偶蹄目鹿科　　二级

识别要点：耳朵宽而圆，耳内有独特的黑白斑纹。额部有一簇马蹄形的黑色长毛，成年雄性具有短小的角，隐藏在毛丛中。

分布：全州 18 个县市。

༢༩ ཤྭ་བ་མགོ་སོབ། རྨིག་པ་ཁ་དབྲག་ཅན་གྱི་ཤྭ་བ་རིགས། རིམ་པ་གཉིས་པ།

ངོས་འཛིན་གཙོ་གནད།　རྣའི་ཞེང་ཆེ་ལ་སྒོར་མོ་དང་།དེའི་ནང་དུ་དམིགས་གསལ་གྱི་དཀར་ནག་ཁྲ་ཐིག་ཡོད། དཔྲལ་བར་རྟ་རྨིག་དབྱིབས་ཅན་གྱི་སྤུ་ནག་པོ་ཞིག་ཡོད་ལ་ནར་སོན་པའི་ཕོ་ལ་རྭ་ཐུང་ཆུང་ཞིག་ཡོད།　དེ་ནི་སྤུ་ཚོམ་བུའི་ནང་དུ་སྦས་ཡོད་དོ།

ཁྱབ་གནས། ཁུལ་ཡོངས་ཀྱི་རྫོང་དང་གྲོང་ཁྱེར་བཅོ་བརྒྱད་དུ་གནས་ཡོད།

30. 野牦牛 *Bos mutus*

偶蹄目牛科　　一级

识别要点：体型硕大。整体黑色至棕黑色，具粗糙而蓬松的长毛。头上的角为圆锥形，先向两侧伸出，然后向上、向后弯曲。

分布：石渠。

༣༠ གཡག རྨིག་པ་ཁ་དབྲག་ཅན་གྱི་བ་ལང་རིགས། རིམ་པ་དང་པོ།

ངོས་འཛིན་གཙོ་གནད། ལུས་སྟོབས་ཤིན་ཏུ་ཆེ་ལ་སྤྱི་ཡོངས་ཀྱི་སྤུ་མདོག་ནི་ནག་པོ་ནས་སྨུག་ནག་ཏུ་འགྱུར་ཡོད་ལ་དེ་མ་ཟད་སྤུ་རིས་ལ་རྩུབ་ཅིང་སོབ། མགོའི་རྭ་ནི་སྣུང་དབྱིབས་ཅན་གྱི་ཡིན་ལ། དེའི་སྔོན་ལ་གཞོགས་གཉིས་སུ་བརྐྱངས་། དེ་ནས་གྱེན་མཇུག་ཏུ་གུག

ཁྱབ་གནས། རྫ་ཆུ་ཁ།

31. 藏原羚 *Procapra picticaudata*

偶蹄目牛科　　二级

识别要点：成年雄性具角，呈镰刀状，角上具环棱，角尖端部分光滑无棱；雌性无角，体毛棕色，腹部及四肢内侧均为白色，具较大白色的臀斑，尾短。

分布：石渠、色达、甘孜、新龙、理塘、白玉、德格。

༣༡ དགོ་བ། རྨིག་པ་ཁ་དབྲག་ཅན་གྱི་བ་ལང་གི་རིགས།　རིམ་པ་གཉིས་པ།

ངོས་འཛིན་གཙོ་གནད།　ནར་སོན་པའི་ཕོ་ལ་ར་ཅོ་ལྡན་ལ།　ར་ནི་ཟོ་རའི་དབྱིབས་དང་མཚུངས།　ར་ཅོ་ཐོག་གདུབ་གྲུབ་ཡོད་པར། ར་རྩེ་འཛམ་ལ་རྩེ་མོ་མེད། མོར་ལ་ར་མེད་པ་ལུས་ཀྱི་སྤུ་ནི་རྫ་མདོག་ཡིན་ལ། གསུས་ཁོག་དང་རྐང་ལག་བཞིའི་ནང་གཞོགས་ཚང་མ་དཀར་པོ་ཡིན།　དེ་དག་ལ་མདོག་དཀར་ཅན་གྱི་ཨོང་ཁྲ་དཀར་པོ་ཡོད་པ་དང་མཇུག་ནི་ཐུང་བ།

ཁྱབ་གནས། རྫ་ཆུ་ཁ། གསེར་ཏ །དཀར་མཛེས། ཉག་རོང་། ལི་ཐང་། དཔལ་ཡུལ། སྡེ་དགེ

32. 四川羚牛 *Budorcas tibetanus*

偶蹄目牛科　　一级

识别要点：牛角粗大，角尖光滑，从头顶先弯向两侧，然后向后上方扭转，角尖向内。体毛为棕黄色并夹杂着大量的黑色斑块。

分布：康定、泸定、九龙。

༣༢ སེ་ཁྲོན་གྱི་གཙོད། རྨིག་པ་ཁ་དབྲག་ཅན་གྱི་བ་ལང་རིགས། རིམ་པ་དང་པོ།

ངོས་འཛིན་གཙོ་གནད། རྭ་ཅོ་ཆེ་ཞིང་སྦོམ་ལ།རྭ་རྩེ་ནི་ཧ་ཅང་འཇམ་པོ་ཡིན་པ། དེ་ཡང་རྭ་ནི་མགོ་ཐོག་ནས་ཐོན་ལ་གུག་ནས་གཞོགས་གཉིས་དང་།དེ་ནས་རྒྱབ་ཏུ་ཡང་ཁ་ཕྱོགས་བསྒྱུར་བ་དང་། རྭ་རྩེ་ནང་དུ་ཚུད། ལུས་སྤུ་ནི་ཟྭ་མདོག་སེར་པོ་མ་ཟད། དེའི་ནང་ན་ནག་པོ་འདྲེས་ཡོད།

ཁྱབ་གནས། དར་མདོ། ལྕགས་ཟམ་ཁ། བརྒྱད་ཟིལ།

33. 中华斑羚 *Naemorhedus griseus*

偶蹄目牛科　　二级

识别要点：体色一般为棕褐色或灰褐色，喉斑白色或黄白色。具有黑色短直的角，由头部向后上方斜向伸展，角尖略微下弯。

分布：全州 18 个县市。

༣༣ ཀྲུང་ཧྭ་གཙོད་ཁྲ། རྨིག་པ་ཁ་དབྱག་ཅན་གྱི་བ་ལང་རིགས། རིམ་པ་གཉིས་པ།

ངོས་འཛིན་གཙོ་གནད། སྤྱིར་བཏང་དུ་གཟུགས་མདོག་ནི་ཟྭ་མདོག་གམ་སྐྱུག་སྐྱ་ཡིན། མགྲིན་ཁྲ་དཀར་པོའམ་སེར་སྐྱ་ཡིན། དེར་ཐུང་ཞིང་དྲང་བའི་རྭ་ནག་པོ་ཡོད་ལ།མགོ་ནས་རྒྱབ་ངོས་སུ་གསེག་ནས་བརྐྱངས་ཡོད་པ་དང་། རྭ་རྩེ་ཅུང་ཟད་མར་གུག་ཡོད།

ཁྱབ་གནས། ཁུལ་ཡོངས་ཀྱི་རྫོང་དང་གྲོང་ཁྱེར་བཅོ་བརྒྱད་དུ་གནས་ཡོད།

34. 岩羊 *Pseudois nayaur*

偶蹄目牛科　　二级

识别要点：通体为青灰色，胸部为黑褐色。腹部和四肢内部为白色，而四肢前部有显著的黑色纵纹。双角从头顶先朝后弯曲，然后再旋转向外侧翻转。

分布：全州 18 个县市。

༣༤ གནའ་བ། རྨིག་པ་ཁ་དབྲག་ཅན་གྱི་བ་ལང་རིགས། རིམ་པ་གཉིས་པ།

ངོས་འཛིན་གཙོ་གནད། སྤྱི་གཟུགས་ནི་ཐལ་མདོག་དང་། ཁྲང་ནི་སྨུག་ནག་ཡིན་པ་དེ་ཡང་ལྟོ་བ་དང་རྐང་ལག་བཞིའི་ནང་ཁུལ་ནི་དཀར་པོ་ཡིན།ལྷག་པར་དུ་རྐང་ལག་གི་མདུན་ཕྱོགས་སུ་མངོན་གསལ་གྱི་གཞུང་རིས་ནག་པོ་ཡོད།ར་གཉིས་མགོ་ནས་རྒྱབ་ལ་ཕྱོགས་ནས་མཇུག་ཏུ་གུག དེ་ནས་ཡང་འཁྱིལ་འཁོར་ཕྱི་གཞོགས་སློག

ཁྱབ་གནས། ཁུལ་ཡོངས་ཀྱི་རྫོང་དང་གྲོང་ཁྱེར་བཅོ་བརྒྱད་དུ་གནས་ཡོད།

Ltl Acorn
05/18/2016 07:49:22

35. 西藏盘羊 *Ovis hodgsoni*

偶蹄目牛科　　一级

识别要点：雄性的弯角粗大，向下扭曲呈螺旋状，外侧有环棱，角不形成完整的圆形；雌性的角短，扭曲弯度不大。

分布：石渠。

༣༥ བོད་རྫོངས་གཉན། རྨིག་པ་ཁ་དབྲག་ཅན་གྱི་བ་ལང་རིགས། རིམ་པ་དང་པོ།

ངོས་འཛིན་གཙོ་གནད། ཕོ་རིགས་ཀྱི་རྭ་ཅོ་གུག་ཅིང་སྦོམ་པ་དང་། མར་འཁྱོག་ཅིང་དུང་འཁྱིལ་དབྱིབས་དང་མཚུངས་། ཕྱི་གཞོགས་སུ་གདུབ་གྲུ་ལྡན་ཞིང་། རྭ་ཅོ་ཆ་ཚང་སྒོར་དབྱིབས་ཅན་གྱི་བྱུང་མེད། མོའི་རྭ་ཐུང་ཞིང་གཅུས་ཚད་གུག་ཆེན་པོ་མེད།

ཁྱབ་གནས། ཛ་ཆུ་ཁ།

36. 中华鬣羚 *Capricornis milneedwardsii*

偶蹄目牛科　　二级

识别要点：毛色深，具有向后弯的短角，颈背部有长而蓬松的鬃毛形成向背部延伸的粗毛丛。尾巴较短。

分布：全州 18 个县市。

༣༦ ཀྲུང་ཧྭ་སྲུ་རྒྱ། རྨིག་པ་ཁ་དབྱག་ཅན་གྱི་བ་ལང་རིགས། རིམ་པ་གཉིས་པ།

ངོས་འཛིན་གཙོ་གནད། སྤུ་མདོག་ཟབ་པ་དང་། རྒྱབ་ཕྱོགས་སུ་གུག་པའི་ར་ཅོ་ཐུང་ལྡན། སྐེའི་རྒྱབ་ལ་རིང་ཞིང་སོབ་པའི་སྤུ་ཡིས་རྒྱབ་ཕྱོགས་སུ་བསྲིངས་པའི་སྤུ་ཚོམ་གྲུབ་ཡོད། མཇུག་ཅུང་ཐུང་བ།

ཁྱབ་གནས། ཁུལ་ཡོངས་ཀྱི་རྫོང་དང་གྲོང་ཁྱེར་བཅོ་བརྒྱད་དུ་གནས་ཡོད།

鸟　　类

NIAOLEI

37. 斑尾榛鸡 *Tetrastes sewerzowi*

鸡形目雉科　　一级

识别要点：具明显冠羽，黑色喉斑外缘白色。眼后有一道白线，肩羽具白色斑块，翼上覆羽端白。雌鸟色暗，喉部有白色细纹，下体为皮黄色。

分布：全州 18 个县市。

༣༧ མཇུག་ཁྲ་བྱ། བྱ་དབྱིབས་ཅན་གྱི་བྱ་གོང་མོ་རིགས། རིམ་པ་དང་པོ།

ངོས་འཛིན་གཙོ་གནད། དེར་ཏོག་སྒྲོ་མངོན་གསལ་ཡོད་པ་དང་། མགྲིན་པའི་ཁྲ་ཐིག་ནག་པོའི་ཕྱི་ངོས་ནི་དཀར་པོ་ཡིན། མིག་གི་རྒྱབ་ཏུ་ཐིག་དཀར་པོ་ཞིག་ཡོད།ཕྲག་སྒྲོར་ཁྲ་རྡོག་དཀར་པོ་ཡིན་པ་དང་།གཤོག་པའི་སྙིང་ཁེབས་སྒྲོ་སྣེ་དཀར་པོ་ཡིན།མོ་བྱའི་མདོག་ཆུང་ཟད་ནག་ལ། མགྲིན་ཁུལ་ལ་རི་མོ་ཕྲ་མོ་དཀར་པོ་ཡོད།འོག་གཟུགས་ནི་པགས་སེར་ཡིན།

ཁྱབ་གནས། ཁུལ་ཡོངས་ཀྱི་རྫོང་དང་གྲོང་ཁྱེར་བཅོ་བརྒྱད་དུ་གནས་ཡོད།

38. 黄喉雉鹑 *Tetraophasis szechenyii*

鸡形目雉科　　一级

识别要点：整体为灰褐色，喉部为皮黄色。眼周红色，背部具皮黄色横纹。

分布：全州 18 个县市。

༣༨ སྲེག་པ་མགྲིན་སེར། བྱའི་དབྱིབས་ཅན་གྱི་རྒྱབ་བྱ་རིགས། རིམ་པ་དང་པོ།

ངོས་འཛིན་གཙོ་གནད།　སྤྱི་གཟུགས་མདོག་སྨུག་སྐྱ་ཡིན་པ། མགྲིན་པའི་པགས་པ་སེར་པོ་ཡིན།མིག་གི་མཐའ་སྐོར་དམར་པོ་ཡིན་ཞིང་།རྒྱབ་ཏུ་པགས་སེར་མདོག་གི་འཕྲེད་རིས་ཡོད་པ།

ཁྱབ་གནས། ཁུལ་ཡོངས་ཀྱི་རྫོང་དང་གྲོང་ཁྱེར་བཅོ་བརྒྱད་དུ་གནས་ཡོད།

39. 藏雪鸡 *Tetraogallus tibetanus*

鸡形目雉科　　二级

识别要点：头胸及枕部灰色，喉部白色，耳羽白色。眼周橘黄色。两翼具灰色及白色细纹，尾羽灰色。下体白色，有黑色细纹。

分布：全州 18 个县市。

༣༩ གོང་མོ། བྱའི་དབྱིབས་ཅན་གྱི་རྒྱལ་བྱ་རིགས། རིམ་པ་གཉིས་པ།

ངོས་འཛིན་གཙོ་གནད། མགོ་དང་བྲང་། མགོ་རྒྱབ་བཅས་ཀྱི་མདོག་ནི་སྐྱ་བོ་ཡིན། མགྲིན་པ་མཚམས་ཀྱི་སྤུ་མདོག་ནི་དཀར་པོ་ཡིན་ལ། རྣ་སྒྲོ་ནི་དཀར་པོའང་ཡིན། མིག་གི་མཐའ་སྐོར་ནི་ལི་ཞང་མདོག་ཡིན།གཤོགས་གཉིས་ཀྱི་མདོག་སྐྱ་སྐྱ་དང་དཀར་པོ་ཡིན་པའི་ཕྲ་རིས་ཡོད།རྫ་སྒྲོ་སྐྱ་བོ་ཡིན་པ་དང་འོག་གཟུགས་ནི་དཀར་པོ་ཡིན།དེར་ཕྲ་རིས་ནག་པོ་ཡོད།

ཁྱབ་གནས། ཁུལ་ཡོངས་ཀྱི་རྫོང་དང་གྲོང་ཁྱེར་བཅོ་བརྒྱད་དུ་གནས་ཡོད།

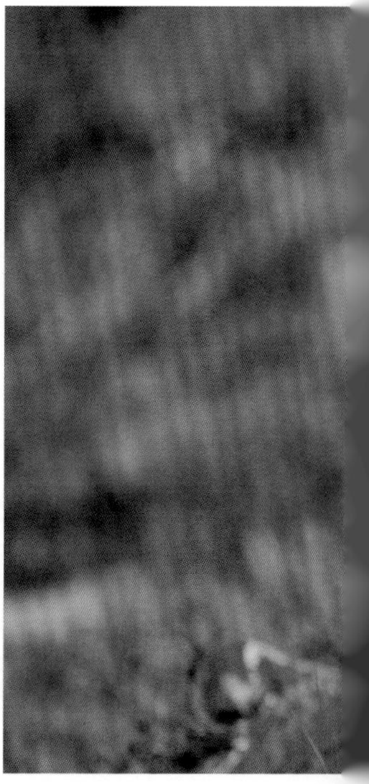

40. 血雉 *Ithaginis cruentus*

鸡形目雉科　　二级

识别要点：具矛状长羽，冠羽蓬松，脸与腿深红。头偏黑色，具有近白色的冠羽及白色细纹。胸部红色多变。雌鸟色暗且单一，胸部皮黄色。

分布：全州 18 个县市。

༤༠ ཁྲག་རྒྱབ་བྱ། བྱའི་དབྱིབས་ཅན་གྱི་རྒྱབ་བྱ་རིགས། རིམ་པ་གཉིས་པ།

ངོས་འཛིན་གཙོ་གནད། མདུང་དབྱིབས་ཅན་གྱི་སྒྲོ་སྤུ་རིང་པོ་དང་། སྒྲོ་མགོ་ཚུང་སོབ་པ། གདོང་དང་རྐང་པ་དམར་ནག་ཏུ་གྱུར། མགོ་ནག་པོ་ཡིན་པ་དང་། མདོག་དཀར་པོ་བྱ་སྒྲོ་དང་རིས་ཕྲ་དཀར་པོ་ཡོད། བྲང་ཁའི་མདོག་དམར་ཞིང་འདྲ་མིན་ཡོད། མོ་བྱ་མདོག་ནག་ཅིང་སྣ་གཅིག་ཡང་མེད། བྲང་ཁའི་མདོག་སེར་པོ་ཡིན།

ཁྱབ་གནས། ཁུལ་ཡོངས་ཀྱི་རྫོང་དང་གྲོང་ཁྱེར་བཅོ་བརྒྱད་དུ་གནས་ཡོད།

41. 红腹角雉 *Tragopan temminckii*

鸡形目雉科　　二级

识别要点：雄鸟红色，上体有带黑色外缘的白色圆斑，下体有灰白色圆斑。头黑，眼后有金色条纹，脸部裸皮蓝色，繁殖期有可膨胀的喉垂及肉质角。雌鸟具棕色杂斑，下体有大块白色点斑。

分布；全州 18 个县市。

༤༡ གསུས་དམར་རྒྱལ་བྱ། བྱའི་དབྱིབས་ཅན་གྱི་རྒྱལ་བྱ་རིགས། རིམ་པ་གཉིས་པ།

ངོས་འཛིན་གཙོ་གནད།བྱ་ཕོ་ནི་དམར་པོ་ཡིན་པ་དང་།ཁོག་སྟོད་དུ་ནག་པོའི་མཐར་དཀར་པོའི་ཁྲ་ཐིག་ཡོད། ཁོག་སྨད་དུ་སྐྱ་མདོག་གི་ཁྲ་ཐིག་ཡོད།མགོ་ནག་ཅིང་མིག་གི་རྒྱབ་ཏུ་གསེར་མདོག་གི་རི་མོ་ཡོད་པ་དང་།གདོང་གི་པགས་པ་གཅེར་སྔོན་ཡིན། སྐྱེ་འཕེལ་དུས་སྐབས་སུ་སྦོས་ཐུབ་པའི་མིད་པ་དང་ཤ་རྒྱུ་རྭ་ཅོ་ཡོད། མོ་བྱ་ལ་རྫ་མདོག་གི་ཁྲ་ཐིག་ཡོད་ལ་ཁོག་སྨད་ན་དཀར་ཐིག་ཆེན་པོ་ཞིག་ཡོད།

ཁྱབ་གནས། ཁུལ་ཡོངས་ཀྱི་རྫོང་དང་གྲོང་ཁྱེར་བཅོ་བརྒྱད་དུ་གནས་ཡོད།

42. 勺鸡 *Pucrasia macrolopha*

鸡形目雉科　　二级

识别要点：雄鸟具明显的耳羽束，头顶及冠羽近灰色，喉部、脸部及耳羽束金属绿色；颈侧具明显白斑。雌鸟体型较小，具冠羽但没有耳羽束。

分布：全州 18 个县市。

༤༢ བྱ་ལྷང་ལོ། བྱའི་དབྱིབས་ཅན་གྱི་རྒྱབ་བྱ་རིགས། རིམ་པ་གཉིས་པ།

ངོས་འཛིན་གཙོ་གནད། ཕོ་བྱར་མངོན་གསལ་གྱི་རྣ་སྤྲོ་ཆུན་པོ། མགོ་དང་བྱ་སྤྲོ་སྐྱ་མདོག་ཡིན་པ་དང་། མིད་པ་དང་ངོ་གདོང། རྣ་སྤྲོ་བཅས་ལྕགས་རིགས་ཀྱི་ལྗང་མདོག་ཡིན་པ་དང་། སྐེ་ཟུར་དུ་མངོན་གསལ་གྱི་དཀར་ཐིག་ཡོད། མོ་བྱ་གཟུགས་གཞི་ཅུང་ཆུང་བ་དང་སྤྲོ་སྤུ་ཡོད་ཀྱང་རྣ་སྤྲོ་མེད།

ཁྱབ་གནས། ཁུལ་ཡོངས་ཀྱི་རྫོང་དང་གྲོང་ཁྱེར་བཅོ་བརྒྱད་དུ་གནས་ཡོད།

43. 绿尾虹雉 *Lophophorus lhuysii*

鸡形目雉科　　一级

识别要点：雄鸟头绿色，枕部金色，下体黑色带绿色金属光泽，冠羽绛紫色，上背白色。雌鸟通体棕褐色且花纹复杂，上背白色。

分布：全州 18 个县市。

༤༣ རྒྱ་བྱ་སྔོ་བ། བྱའི་དབྱིབས་ཅན་གྱི་རྒྱ་བྱ་རིགས། རིམ་པ་དང་པོ།

ངོས་འཛིན་གཙོ་གནད། ཕོ་བྱ་མགོ་ལྗང་ཁུ་དང་མགོ་རྒྱབ་ལ་གསེར་མདོག་ཡིན། ཁོག་སྨད་མདོག་ནག་པོ་ལ་ལྗང་མདོག་གི་ལྕགས་རིགས་འོད་མདངས་ལྡན། ཏོག་སོབ་རྒྱ་སྨུག་དང་ཁོག་སྟོད་རྒྱབ་དུ་དཀར་པོ་ཡིན། མོ་བྱ་གཟུགས་ནི་ཁམ་སྨུག་ཡིན་ལ་རི་མོ་ནི་རྙོག་འཛིང་ཆེ་ལ། ཁོག་སྟོད་རྒྱབ་ནི་དཀར་པོ་ཡིན།

ཁྱབ་གནས། ཁུལ་ཡོངས་ཀྱི་རྫོང་དང་གྲོང་ཁྱེར་བཅོ་བརྒྱད་དུ་གནས་ཡོད།

44. 白马鸡 *Crossoptilon crossoptilon*

鸡形目雉科　　二级

识别要点：整体白色的大型雉类，具黑色蓬松的丝状尾羽，飞羽黑色。头顶黑，脸深红。

分布：全州 18 个县市。

༤༤ ཤྲུབ་བྱ་དཀར་པོ། བྱའི་དབྱིབས་ཅན་གྱི་བྱ་ཤྲུབ་བྱ་རིགས། རིམ་པ་གཉིས་པ།

ངོས་འཛིན་གཙོ་གནད། ནག་ཅིང་སོབ་པའི་སི་དབྱིབས་ཀྱི་ཇ་སྒྲོ་དང་། འཕུར་སྒྲོ་ནག་པོ་ཡིན། མགོ་སྟེང་ནག་ཅིང་གདོང་དམར་པོར་ཆགས།

ཁྱབ་གནས། ཁུལ་ཡོངས་ཀྱི་རྫོང་དང་གྲོང་ཁྱེར་བཅོ་བརྒྱད་དུ་གནས་ཡོད།

45. 蓝马鸡 *Crossoptilon auritum*

鸡形目雉科　　二级

识别要点：通体蓝灰色，头顶黑色，白色耳羽簇甚长；脸颊红色。尾羽弯曲，蓝灰色。

分布：色达。

༤༥ བྱ་གོང་སྔོ། བྱའི་དབྱིབས་ཅན་གྱི་རྒྱུད་བྱ་རིགས། རིམ་པ་གཉིས་པ།

ངོས་འཛིན་གཙོ་གནད། ལུས་ཡོངས་ཀྱི་མདོག་སྔོན་པོ་དང་མགོ་ནག་པོ་ཡིན།རྣ་སྒྲོ་ཧ་ཅང་རིང་བ་དང་དཀར་པོ་ཡིན། གདོང་དམར་བ་དང་རྔ་སྒྲོ་གུག་ཅིང་སྔོ་སྐྱ་ཡིན།

ཁྱབ་གནས། གསེར་རྟ།

46. 白腹锦鸡 *Chrysolophus amherstiae*

鸡形目雉科　　二级

识别要点：雄鸟喉胸部、背部及两翼为深绿色，深红色的冠羽较短，白色颈背有扇贝形羽缘。腹部白色。白色尾羽特长，有黑色横带。雌鸟体型较小，上体有黑色和棕黄色横纹，胸部栗色具黑色细纹。

分布：康定、泸定、丹巴、九龙、雅江、稻城、得荣、乡城。

༤༦ བྱ་དེ་ཆུང་བ། བྱའི་དབྱིབས་ཅན་རྒྱལ་བྱ་རིགས། རིམ་པ་གཉིས་པ།

ངོས་འཛིན་གཙོ་གནད། ཕོ་བྱ་མགྲིན་པ་དང་བྲང་ཁོག་རྒྱབ་ངོས་ཀྱི་གཤོག་པ་གཉིས་བཅས་ཀྱི་ལྗང་ནག་ཡིན་པ་དང་། མགོ་སོབ་ཐུང་ཐུང་བ་དང་མདོག་དམར་ནག་ཡིན།སྐེ་དཀར་པོའི་རྒྱབ་ཏུ་རླུང་གཡབ་དབྱིབས་ཅན་གྱི་བྱ་སྒྲོ་ཡོད། ལྟོ་བ་དཀར་པོ།ཇ་སྒྲོ་དཀར་པོ་རིང་ལ་འཕྲེད་ཐིག་ནག་པོ་ཡོད། མོ་བྱ་གཟུགས་གཞི་ཐུང་ཆུང་བ་དང་། ཁོག་སྟོད་དུ་ནག་པོ་དང་སེར་པོའི་འཕྲེད་རིས་ཡོད་པ་དང་།བྲང་ཁའི་ལི་མདོག་ལ་ནག་པོའི་ཕྲ་རིས་ཡོད།

ཁྱབ་གནས། དར་རྩེ་མདོ། ལྕགས་ཟམ་ཁ། རོང་བྲག བརྒྱད་ཟིལ། ཉག་ཆུ་ཁ། འདབ་པ། སྡེ་རོང་།ཕྱག་ཕྲེང་།

47. 白额雁 *Anser albifrons*

雁形目鸭科　　二级

识别要点：大型灰色雁。腿橘黄色，白色斑块环绕嘴基，腹部具大块黑斑。

分布：白玉。

༤༧ བྱ་ཁྲུང་ཁྲུང་། བྱ་ཁྲུང་དབྱིབས་ཅན་གྱི་ཆུ་བྱ་རིགས། རིམ་པ་གཉིས་པ།

ངོས་འཛིན་གཙོ་གནད། ཆེ་གྲས་ཁྲུང་ཁྲུང་སྐྱ་བོ། རྐང་པ་ཚ་ལུ་མའི་མདོག་དང་དཀར་པོའི་ཁྲ་ཐིག་གིས་ཁ་ལ་བསྐོར་བ་དང་། གསུས་ཁོག་ལ་ནག་ཐིག་ཆེན་པོ་ཡོད།

ཁྱབ་གནས། དཔལ་ཡུལ།

48. 疣鼻天鹅 *Cygnus olor*

雁形目鸭科　　二级

识别要点：白色天鹅。嘴橘黄色，前额基部有特征性黑色疣突。

分布：炉霍、德格、石渠、白玉。

༤༨ བྱ་ངང་དཀར། བྱ་ཁྱུང་དབྱིབས་ཅན་གྱི་རྒྱ་བྱ་རིགས། རིམ་པ་གཉིས་པ།

ངོས་འཛིན་གཙོ་གནད། ངང་པ་དཀར་པོ། ཁ་ཚ་ལུ་མའི་མདོག་དང་དཔྲལ་བའི་རྩ་ནས་དམིགས་བསལ་རང་བཞིན་གྱི་མདོག་ནག་པོའི་མཛེར་པ་འབུར་དུ་ཐོན་ཡོད།

ཁྱབ་གནས། བྲག་མགོ སྡེ་དགེ རྫ་ཆུ་ཁ། དཔལ་ཡུལ།

49. 小天鹅 *Cygnus columbianus*

雁形目鸭科　　二级

识别要点：白色天鹅。嘴黑，基部黄色区域较大天鹅小。上嘴侧边缘的黄色不形成前尖形，且嘴上中线黑色。

分布：雅江、炉霍、色达、石渠、白玉。

༤༩ ངང་ཆུང་། བྱ་ཁྱུང་དབྱིབས་ཅན་གྱི་རྒྱ་བྱ་རིགས། རིམ་པ་གཉིས་པ།

ངོས་འཛིན་གཙོ་གནད། ངང་པ་དཀར་པོ། ངང་བ་འདི་ཆུང་ལ་ཁ་ནག་ཅིང་། ལུས་ཡོངས་ཀྱི་རྩ་བ་སེར་ཆེ་བ་དང་ཁ་འགྲམ་གྱི་སེར་པོ་དེ་སྔོན་གྱི་རྩེ་མོར་མི་གྲུབ་པ་མ་ཟད་མཆུ་ཐོག་གི་དཀྱིལ་ཐིག་ནག་པོ་ཡིན།

ཁྱབ་གནས། ཉག་ཆུ་ཁ། བྲག་འགོ། གསེར་རྟ། རྫ་ཆུ་ཁ། དཔལ་ཡུལ།

50. 大天鹅 *Cygnus cygnus*

雁形目鸭科　　二级

识别要点：白色天鹅。嘴黑，嘴基有大片黄色。黄色延伸至上嘴侧缘成尖形。

分布：雅江、炉霍、色达、石渠、得荣、白玉。

༥༠ ངང་ཆེན། བྱ་ཁྱུང་དབྱིབས་ཅན་གྱི་ཆུ་བྱ་རིགས། རིམ་པ་གཉིས་པ།

ངོས་འཛིན་གཙོ་གནད། ངང་པ་དཀར་པོ། ཁ་ནག་ཅིང་ཁ་རྩ་རུ་མདོག་སེར་པོ་མང་པོ་ཡོད།སེར་མདོག་ཁ་འགྲམ་དུ་བསྲིངས་ནས་རྩེ་མོར་གྲུབ།

ཁྱབ་གནས། ཉག་ཆུ་ཁ། བྲག་འགོ། གསེར་རྟ། ཟ་ཆུ་ཁ། སྡེ་རོང་། དཔལ་ཡུལ།

51. 鸳鸯 *Aix galericulata*

雁形目鸭科　　二级

识别要点：体小而色彩艳丽。雄鸟有醒目的白色眉纹，颈部金色，背部有炫耀性帆状饰羽。雌鸟有亮灰色体羽，具白色眼圈。

分布：石渠、甘孜、炉霍、康定、泸定。

༥༡ ངུར་བ། བྱ་ཁྲུང་དབྱིབས་ཅན་གྱི་ཆུ་བྱ་རིགས། རིམ་པ་གཉིས་པ།

ངོས་འཛིན་གཙོ་གནད། ལུས་ཆུང་ཞིང་ཚོན་མདངས་བཀྲ་བ། ཕོ་བྱ་ལ་མངོན་གསལ་གྱི་སྨིན་མ་དཀར་པོ་དང་། སྐེ་ལ་གསེར་མདོག་ཅན། རྒྱབ་ན་ངོམ་པ་རང་བཞིན་གྱི་གཡོར་དབྱིབས་ཅན་གྱི་བྱ་སྒྲོ་ཡོད། མོ་བྱ་ལ་མདོག་སྐྱ་བོའི་བྱ་སྒྲོ་ཡོད་པ་དང་མིག་མཐའ་དཀར་པོ་ཡིན།

ཁྱབ་གནས། ཛ་ཆུ་ཁ། དཀར་མཛེས། བྲག་འགོ ངར་མདོ། ལྕགས་ཟམ་ཁ།

52. 棉凫 *Nettapus coromandelianus*

雁形目鸭科　　二级

识别要点：雄鸟头顶、背部及两翼黑色且带绿色，其他体羽白色。飞行时白色翼斑明显。雌鸟棕褐色，有暗褐色贯眼纹，无白色翼斑。

分布：丹巴、石渠。

༥༢ སྐྱ་པོ། བྱ་ཁྱུང་དབྱིབས་ཅན་གྱི་ཆུ་བྱ་རིགས།　　རིམ་པ་གཉིས་པ།

ངོས་འཛིན་གཙོ་གནད། ཕོ་བྱ་ཡི་མགོ་དང་རྒྱབ། གཤོག་པ་གཉིས་བཅས་ནག་པོ་ཡིན་པ་མ་ཟད་མདོག་ལྗང་ཁུ་ཡིན་པ་དང་། བྱ་སྒྲོ་གཞན་པ་མདོག་དཀར་པོ་ཡིན། འཕུར་སྐྱོད་བྱེད་སྐབས་གཤོག་པ་དཀར་པོ་མངོན་གསལ་ཆེ་བ། མོ་བྱ་ཁམ་མདོག་ཡིན་པ་དང་།ཁམ་ནག་མིག་རིས་ཡོད་པ།གཤོག་ཁྲ་དཀར་པོ་མེད།

ཁྱབ་གནས། རོང་བྲག ཇ་ཆུ་ཁ།

53. 花脸鸭 *Sibirionetta formosa*

雁形目鸭科　　二级

识别要点：头顶色深，脸部具皮黄色月牙形斑块，眼后至颈背绿色。胸部棕色多斑点。翼镜铜绿色，臀部黑色。雌鸟嘴基有白点，脸侧有白色月牙形斑块。

分布：泸定、炉霍、石渠。

༥༣ བྱ་གག་གདོང་ཁྲ། བྱ་ཁྱུང་དབྱིབས་ཅན་གྱི་ཆུ་བྱ་རིགས། རིམ་པ་གཉིས་པ།

ངོས་འཛིན་གཙོ་གནད། མགོ་ལ་ཚོས་གཞི་ཟབ་པ་དང་། ངོ་ལ་པགས་པ་སེར་པོ་ཟླ་སོ་དབྱིབས་ཀྱི་ཁྲ་རྡོག་དང་། མིག་རྒྱབ་ནས་སྐེ་རྒྱབ་བར་གྱི་མདོག་ལྗང་ཁུ་ཡིན། བྲང་ཁོག་རྫ་མདོག་ཁྲ་ཐིག་མང་བ་གཤོག་ཤེལ་ཟངས་ལྗང་ཁུ། ཤོང་ཤ་ནག་པོ། མོ་བྱའི་མཆུ་ལ་དཀར་ཐིག་ཡོད་པ་དང་། གདོང་གི་ཟུར་ལ་ཟླ་བའི་དབྱིབས་ཀྱི་ཁྲ་ཐིག་ཡོད།

ཁྱབ་གནས། ལྕགས་ཟམ་ཁ། བྲག་འགོ རྫ་ཆུ་ཁ།

54. 青头潜鸭 *Aythya baeri*

雁形目鸭科　　一级

识别要点：整体红褐色。胸部深褐色，腹部及两肋白色；翼下及二级飞羽白色，飞行时可见黑色翼缘。繁殖期雄鸟头部亮绿色。

分布：雅江、炉霍、石渠、白玉。

༥༤ བྱ་གག་མགོ་སྔོན། བྱ་ཁྲུང་ཁྲུང་དབྱིབས་ཅན་གྱི་ཆུ་བྱ་རིགས། རིམ་པ་དང་པོ།

ངོས་འཛིན་གཙོ་གནད། སྤྱི་ཡོངས་དམར་སྨུག བྲང་ཁོག་ཁམ་ནག་ཡིན་པ་དང་གསུས་ཁོག རྩིབ་གཉིས་བཅས་དཀར་པོ་ཡིན། གཤོག་པའི་འོག་དང་རིམ་པ་གཉིས་པའི་འཕུར་སྒྲོ་དཀར་པོ་ཡིན་ལ་འཕུར་དུས་གཤོག་པ་ནག་པོ་མཐོང་ཐུབ། སྐྱེ་འཕེལ་དུས་སུ་ཕོ་བྱ་ཡི་མགོ་ལྗང་ཁུ་ཡིན།

ཁྱབ་གནས། ཉག་ཆུ་ཁ བྲག་འགོ རྫ་ཆུ་ཁ། དཔལ་ཡུལ།

55. 斑头秋沙鸭 *Mergellus albellus*

雁形目鸭科　　二级

识别要点：雄鸟通体白色，具黑色斑纹。雌鸟及非繁殖期雄鸟上体灰色，具两道白色翼斑，下体白色，额部、头顶及枕部栗色。

分布：炉霍。

༥༥ བྱ་གག་མགོ་ཁྲ། བྱ་ཁྱུང་དབྱིབས་ཅན་གྱི་རྒྱ་བྱ་རིགས། རིམ་པ་གཉིས་པ།

ངོས་འཛིན་གཙོ་གནད། ཕོ་བྱའི་གཟུགས་པོ་ཡོངས་དཀར་པོ་དང་ནག་ཐིག་ཡོད།མོ་བྱ་དང་སྐྱེ་འཕེལ་མིན་པའི་དུས་སུ་ཕོ་བྱའི་ལུས་སྟོད་སྐྱ་མདོག་ཡིན་པ་དང་།དེར་གཤོག་ཐིག་དཀར་པོ་གཉིས་ཡོད་ཅིང་། ཕོག་སྨད་དཀར་པོ་ཡིན་པ། དཔྲལ་བ་དང་། མགོ མགོ་རྒྱབ་བཅས་ཀྱི་ལི་མདོག་ཡིན།

ཁྱབ་གནས། བྲག་འགོ

56. 中华秋沙鸭 *Mergus squamatus*

雁形目鸭科　　一级

识别要点：嘴红色，尖端具钩。黑色的头部具厚实的羽冠。两胁具有特征性的鳞状纹。雌鸟色暗而多灰色，两胁也具有鳞状纹。

分布：雅江。

༥༦ ཀྲུང་ཧྭ་སྟོན་ཀའི་བྱ་གག　བྱ་ཁྲུང་དབྱིབས་ཅན་གྱི་ཆུ་བྱ་རིགས།　རིམ་པ་དང་པོ།

ངོས་འཛིན་གཙོ་གནད། ཁ་དམར་པོ། རྩེ་མོ་འཁྱོག་པོ། མགོ་ནག་པོ་ལ་ཏོག་སོབ་མཐུག་པོ་ཞིག་ཡོད་ཅིང་། མཆན་ཁྲུང་གཉིས་ལ་དམིགས་བསལ་རང་བཞིན་ལྡན་པའི་ཉ་ཁྲབ་ཀྱི་རི་མོ་ཡོད། མོ་བྱ་མདོག་ནག་ཅིང་སྐྱ་མདོག་མང་། མཆན་ཁྲུང་གཉིས་ལ་ཡང་ཉ་ཁྲབ་ཀྱི་རི་མོ་ཡོད།

ཁྱབ་གནས། ཉག་ཆུ་ཁ།

57. 黑颈䴙䴘 *Podiceps nigricollis*

䴙䴘目䴙䴘科　　二级

识别要点：成鸟繁殖期具松软的黄色耳羽簇，前颈黑色。冬羽具深色的顶冠，颈侧有月牙形白斑，飞行时无白色翼覆羽。

分布：雅江、道孚、炉霍、甘孜、德格、石渠、泸定、康定。

༥༧ ཚུ་བྱ་སྐེ་ནག ཚུ་བྱ་དབྱིབས་ཅན་གྱི་ཚུ་བྱ་རིགས། རིམ་པ་གཉིས་པ།

ངོས་འཛིན་གཙོ་གནད།　བྱ་དར་མའི་སྐྱེ་འཕེལ་དུས་སུ་མཉེན་ཞིང་མདོག་སེར་པོའི་རྣ་སྤྲོ་ཚོམ་བུ་ཡོད་པ་དང་མདུན་སྐེ་ནག་པོ་ཡིན།　དགུན་སྤུ་ལ་མདོག་ཟབ་པའི་མགོ་རྒྱན་དང་སྐེ་འགྲམ་དུ་ཟླ་སོ་དབྱིབས་ཀྱི་དཀར་ཐིག་ཡོད་ལ། འཕུར་སྐྱོད་བྱེད་སྐབས་གཤོག་སྤྲོ་དཀར་པོ་མེད།

ཁྱབ་གནས། ཉག་ཆུ་ཁ། རྟའུ། བྲག་འགོ དཀར་མཛེས། སྡེ་དགེ ཟ་ཆུ་ཁ། ལྕགས་ཟམ་ཁ། དར་མདོ།

58. 楔尾绿鸠 *Treron sphenurus*

鸽形目鸠鸽科　　二级

识别要点：雄鸟头顶、胸橙黄色，上背紫灰色，尾羽深绿色，臀部淡黄色具深色纵纹，尾下覆羽棕黄色。雌鸟尾下覆羽及臀部浅黄色。

分布：康定、泸定、九龙。

༥༨ ཕུག་རོན་མཇུག་ལྗང་། ཕུག་རོན་དབྱིབས་ཅན་གྱི་རི་སྐྱེས་ཕུག་རོན་རིགས། རིམ་པ་གཉིས་པ།

ངོས་འཛིན་གཙོ་གནད། ཕོ་བྱའི་མགོ་དང་བྲང་སེར་པོ་ཡིན་ལ། སྟོད་རྒྱབ་སྨུག་སྐྱ་ཞིང་མཇུག་སྒྲོ་ལྗང་ནག་ཅན། འཕོངས་ཀྱི་མདོག་སེར་སྐྱ་ལ་མདོག་ནག་གཞུང་རིས་ཡོད་ཅིང་། རྔ་མའི་འོག་ཏུ་སྒྲོ་སེར་པོ་ཆགས་ཡོད། མོ་བྱའི་རྔ་མའི་འོག་ཏུ་སྒྲོ་དང་འཕོངས་ཀྱི་མདོག་སེར་སྐྱ་ཡིན།

ཁྱབ་གནས། དར་མདོ། ལྕགས་ཟམ་ཁ། བརྒྱད་ཟིལ།

59. 褐翅鸦鹃 *Centropus sinensis*

鹃形目杜鹃科　　二级

识别要点：体大而尾长。体羽全黑色，仅上背、两翼为栗红色。眼睛红色。

分布：巴塘。

༥༩ ཁམ་གཤོག་བྱ་རོག་ཁུ་བྱུག ཁུ་བྱུག་དབྱིབས་ཅན་གྱི་ཁུ་ཡུག་རིགས། རིམ་པ་གཉིས་པ།

ངོས་འཛིན་གཙོ་གནད། གཟུགས་ཆེ་ཞིང་མཇུག་རིང་པ། བྱ་སྒྲོ་ཚང་མ་ནག་པོ་ཡིན་པ་དང་། རྒྱབ་ཁོ་ན་ལས་མ་

གཏོགས། གཤོག་པ་གཉིས་བཅས་དམར་སྨུག་ཡིན། མིག་དམར་པོ་ལྡན།

ཁྱབ་གནས། འབའ་ཐང་།

60. 蓑羽鹤 *Grus virgo*

鹤形目鹤科　　二级

识别要点：小型灰白色鹤类，头部具有白色丝状的耳羽簇。

分布：石渠。

༦༠ ཆ་མོས་བྱ་སྐྱོའུ་ཁྲུང་ཁྲུང་། ཁྲུང་དབྱིབས་ཅན་གྱི་བྱ་ཁྲུང་ཁྲུང་རིགས། རིམ་པ་གཉིས་པ།

ངོས་འཛིན་གཙོ་གནད། བྱ་ཁྲུང་ཁྲུང་དཀར་སྐྱ་ཆུང་གྲས་ཤིང་། མགོ་ལ་དར་སྐུད་དཀར་པོ་དབྱིབས་ཅན་གྱི་རྣ་སྤྱི་ཚོམ་བུ་ཞིག་ཡོད།

61. 灰鹤 *Grus grus*

鹤形目鹤科　　二级

识别要点：前顶冠黑色，中心红色，头及颈深青灰色。自眼后有一道宽的白色条纹延伸至颈背。

分布：甘孜、色达、炉霍、白玉、雅江、理塘、巴塘、道孚、石渠、康定、得荣、泸定。

༦༡ ཁྲུང་ཁྲུང་སྐྱ་བོ། ཁྲུང་དབྱིབས་ཅན་གྱི་བྱ་ཁྲུང་ཁྲུང་རིགས། རིམ་པ་གཉིས་པ།

ངོས་འཛིན་གཙོ་གནད། མདུན་དུ་སྤྱི་སོབ་ནག་པོ། དཀྱིལ་དུ་དམར་པོ། མགོ་དང་སྐེ་མདོག་སྐྱ་བོ་ཡིན། མིག་གི་རྒྱབ་ཏུ་ཐིག་ཤར་དཀར་པོ་ཞིག་ཡོད་པ་དེ་ནི་སྐེ་རྒྱབ་ཏུ་བསྲིངས་ཡོད།

ཁྱབ་གནས། དཀར་མཛེས། གསེར་རྟ། བྲག་འགོ དཔལ་ཡུལ། ཉག་ཆུ་ཁ། ལི་ཐང་། འབའ་ཐང་། རྟའུ། རྫ་ཆུ་ཁ། དར་མདོ། སྡེ་རོང་། ལྕགས་ཟམ་ཁ།

62. 黑颈鹤 *Grus nigricollis*

鹤形目鹤科　　一级

识别要点：颈部黑色，头顶红色，尾羽及飞羽黑色。

分布：全州 18 个县市。

༦༢ ཁྲུང་ཁྲུང་སྐེ་ནག ཁྲུང་དབྱིབས་ཅན་གྱི་བྱ་ཁྲུང་ཁྲུང་རིགས། རིམ་པ་དང་པོ།

ངོས་འཛིན་གཙོ་གནད། སྐེ་ནག་པོ་དང་མགོ་སྤྱིང་དམར་པོ། རྔ་སྒྲོ་དང་གཤོག་སྒྲོ་ནག་པོ་ཡིན།

ཁྱབ་གནས། ཁུལ་ཡོངས་ཀྱི་རྫོང་དང་གྲོང་ཁྱེར་བཅོ་བརྒྱད་དུ་གནས་ཡོད།

63. 鹮嘴鹬 *Ibidorhyncha struthersii*

鸻形目鹮嘴鹬科　　二级

识别要点：腿及嘴红色，嘴长且下弯。胸部有一条黑色横带。翼下白色，翼上中心有大片白色斑块。

分布：泸定、雅江、炉霍、色达、甘孜、德格、石渠、白玉、巴塘。

༦༣ མཐིང་རིལ་གྲོ་མོ། མཐིང་རིལ་དབྱིབས་ཅན་གྱི་མཐིལ་རིལ་གྲོ་མོ་རིགས། རིམ་པ་གཉིས་པ།

ངོས་འཛིན་གཙོ་གནད། རྐང་པ་དང་མཆུ་དམར་པོ་ཡིན་ཞིང་། མཆུ་རིང་ལ་གུག་གུག་ཡིན། བྲང་ཁ་ལ་ཐག་པ་ནག་པོ་ཞིག་ཡོད། གཤོག་པའི་འོག་ཏུ་དཀར་པོ་ཡིན་ལ། གཤོག་པའི་དཀྱིལ་དུ་མདོག་དཀར་པོ་ཅན་གྱི་ཁྲ་ཇོག་ཆེན་པོ་ཡོད།

ཁྱབ་གནས། ལྕགས་ཟམ་ཁ། ཉ་ཆུ་ཁ། བྲག་འགོ གསེར་རྟ། དཀར་མཛེས། སྡེ་དགེ རྫ་ཆུ་ཁ། དཔལ་ཡུལ། འབའ་ཐང་།

64. 林沙锥 *Gallinago nemoricola*

鸻形目鹬科　　二级

识别要点：嘴长而直。脸具灰白色纹理，胸部棕黄色具褐色横斑，下体余部白色具褐色细斑。

分布：白玉、石渠、理塘。

༦༤ སྐར་ཐིང་། མཐིང་རིལ་དབྱིབས་ཅན་གྱི་ཐིང་རིལ་རིགས། རིམ་པ་གཉིས་པ།

ངོས་འཛིན་གཙོ་གནད། མཆུ་རིང་ཞིང་དྲང་བ། གདོང་ནི་དཀར་སྐྱ་ཡིན་པ་དང་བྲང་གི་ཁ་དོག་སེར་པོ་དང་ཁམ་མདོག་འཕྲེད་ཁྲ་ཐུར་ཞིང་། ལུས་སྨད་ཀྱི་མདོག་དཀར་པོར་ཁམ་མདོག་གི་ཁྲ་ཐིག་ཡོད།

ཁྱབ་གནས། དཔལ་ཡུལ། རྫ་ཆུ་ཁ། ལི་ཐང་།

65.大杓鹬 *Numenius madagascariensis*

鸻形目鹬科　　二级

识别要点：体型硕大的杓鹬。嘴甚长而下弯，背部褐色，下体皮黄色且臀部具有细纵纹。飞行时可见翼下横纹。

分布：石渠、白玉、理塘、巴塘、稻城。

༦༥ བྱ་ཁྲ་རིས། མཆིང་རིལ་དབྱིབས་ཅན་གྱི་ཆིང་རིལ་རིགས། རིམ་པ་གཉིས་པ།

ངོས་འཛིན་གཙོ་གནད། གཟུགས་དབྱིབས་ཧ་ཅང་ཆེ་བའི་བྱ་མཆིང་རིལ། མཆུ་རིང་ཞིང་གུག་པ། རྒྱབ་ཀྱི་ཁམ་མདོག ཁོག་སྨད་མདོག་སེར་པོ་ཡིན་པ་མ་ཟད་འཕོངས་ཁག་ལ་གཞུང་རིས་ཡོད། འཕུར་སྐྱོད་བྱེད་སྐབས་གཤོག་པའི་འོག་ལ་འཕྲེད་རིས་མཐོང་ཐུབ།

ཁྱབ་གནས། རྫ་ཆུ་ཁ། དཔལ་ཡུལ། ལི་ཐང་། འབའ་ཐང་། འདབ་པ།

66. 小鸥 *Hydrocoloeus minutus*

鸻形目鸥科　　二级

识别要点：小型鸥类。头及嘴黑色，腿红色。飞行时整个翼下色深并具狭窄的白色后缘。冬羽头白，颈侧具有月牙形灰色斑块。

分布：泸定。

༦༦ ཆུ་སྐྱར་ཆུང་ཆུང་།　སྐྱར་མོ་དབྱིབས་ཅན་གྱི་ཆུ་སྐྱར་རིགས། རིམ་པ་གཉིས་པ།

ངོས་འཛིན་གཙོ་གནད། ཆུ་སྐྱར་ཆུང་བའི་རིགས་ཡིན། མགོ་དང་ཁ་ནག་པོ། རྐང་པ་དམར་པོ། འཕུར་སྐྱོད་སྐབས་སུ་གཤོག་པའི་འོག་གི་མདོག་ནི་ཤིན་ཏུ་དོག་པའི་དཀར་པོའི་རྒྱབ་ཀྱི་མཐའ་ཡིན། དགུན་གྱི་སྤུ་མགོ་དཀར། སྐེ་གཞོགས་ལ་ཟླ་བའི་དབྱིབས་ཀྱི་ཁྲ་ཇོག་ཡོད།

ཁྱབ་གནས། ལྕགས་ཟམ་ཁ།

67. 黑鹳 *Ciconia nigra*

鹳形目鹳科　　一级

识别要点：胸腹部及尾下白色，嘴及腿红色。黑色部位具绿色和紫色的光泽。眼周红色。

分布：理塘、巴塘、道孚、炉霍、新龙、石渠、白玉。

(༦༧) བཞད་ནག བྱ་བཞད་དབྱིབས་ཅན་གྱི་བཞད་རིགས། རིམ་པ་དང་པོ།

ངོས་འཛིན་གཙོ་གནད། བྲང་གི་གསུས་གནས་དང་རྔ་མའི་འོག་གི་དཀར་པོ། མཆུ་དང་རྐང་པ་དམར་པོ་བཅས་ཡིན། ནག་པོ་ལ་མདོག་ལྗང་ཁུ་དང་སྨུག་པོའི་འོད་ཡོད། མིག་མཐར་སྐོར་དམར་པོ་ཡིན།

ཁྱབ་གནས། ལི་ཐང་། འབའ་ཐང་། རྟའུ། བྲག་འགོ ཉག་རོང་། རྫ་ཆུ་ཁ། དཔལ་ཡུལ།

68. 东方白鹳 *Ciconia boyciana*

鹳形目鹳科　　一级

识别要点：大型涉禽，嘴长且粗壮，身体羽毛白色，翅膀羽毛黑色。脚鲜红色。

分布：色达。

༦༨ ཤར་ཕྱོགས་ཁྲུང་ཁྲུང་དཀར་མོ། བྱ་བཞད་དབྱིབས་ཅན་གྱི་བཞད་རིགས། རིམ་པ་དང་པོ།

ངོས་འཛིན་གཙོ་གནད། བྱ་རིགས་ཆེ་གྲས་དང་འབྲེལ་བ་ཡོད་པ་དང་། ཁ་རིང་ཞིང་སྦོམ་པ། ལུས་པོའི་སྒྲོ་སྤུ་དཀར་པོ། གཤོག་སྒྲོ་ནག་པོ། རྐང་པ་དམར་པོ།

ཁྱབ་གནས། གསེར་རྟ།

69. 鹗 *Pandion haliaetus*

鹰形目鹗科　　二级

识别要点：头及下体白色，具有黑色贯眼纹。上体暗褐色，深色的短冠羽可竖立。

分布：石渠、白玉、德格。

༦༩ ཉ་ཀོང་། ཁྲ་དབྱིབས་ཅན་གྱི་ཁྲ་རིགས། རིམ་པ་གཉིས་པ།

ངོས་འཛིན་གཙོ་གནད། མགོ་དང་འོག་གཟུགས་དཀར་པོ་ཡིན་ཞིང་། དེར་མིག་གི་རི་མོ་ནག་པོ་ཡོད་ཅིང་། ཁོག་སྟོད་མདོག་ཁམ་ནག མདོག་ཟབ་པའི་སྤྱི་ཐུང་དེ་གྱེན་དུ་སློང་ཐུབ།

ཁྱབ་གནས། རྫ་ཆུ་ཁ། དཔལ་ཡུལ། སྡེ་དགེ།

70. 胡兀鹫 *Gypaetus barbatus*

鹰形目鹰科　　一级

识别要点：头灰白色具有黑色贯眼纹。上体褐色具皮黄色纵纹，下体黄褐色。具髭须，红色裸露眼圈。

分布：全州 18 个县市。

༧༠ གོ་གོ། ཁྲ་དབྱིབས་ཅན་གྱི་ཁྲ་རིགས། རིམ་པ་དང་པོ།

ངོས་འཛིན་གཙོ་གནད། མགོ་དཀར་སྐྱ་པོ་ལ་ནག་པོ་ཅན་གྱི་མིག་གི་རི་མོ་ཡོད། ཁོག་སྟོད་ཁ་དོག་ཁམ་སེར་གཞུང་རིས་དང་། ཁོག་སྨད་ཁ་དོག་སེར་མདོག ཁ་སྤུ་ཡོད་ཅིང་མིག་མཐའ་དམར་རྗེན་དུ་མངོན།

ཁྱབ་གནས། ཁུལ་ཡོངས་ཀྱི་རྫོང་དང་གྲོང་ཁྱེར་བཅོ་བརྒྱད་དུ་གནས་ཡོད།

71. 凤头蜂鹰 *Pernis ptilorhynchus*

鹰形目鹰科　　二级

识别要点：上体色型多样，下体满布点斑及横纹，尾具不规则横纹。具有浅色喉块，边缘有浓密的黑色纵纹和黑色中线。

分布：康定、泸定、丹巴、九龙。

༧༡ ཁྲ་སྡིག ཁྲ་དབྱིབས་ཅན་གྱི་ཁྲ་རིགས། རིམ་པ་གཉིས་པ།

ངོས་འཛིན་གཙོ་གནད། ཁོག་སྟོད་ཁ་དོག་སྣ་མང་དང་། ཁོག་སྨད་ལ་རས་ཀྱིས་བཀང་བའི་ཐིག་དང་འཕྲེད་རིས། མཇུག་གི་དབྱིབས་ངེས་མེད་ཀྱི་འཕྲེད་རིས་བཅས་ལྡན། མདོག་སྐྱ་བོ་ཅན་གྱི་གྲེ་པ་ཡོད་པ། མཐའ་རུ་ནག་ཅིང་མཐུག་པའི་རི་མོ་དང་ནག་པོའི་དཀྱིལ་ཐིག་ཡོད།

ཁྱབ་གནས། དར་མདོ། ལྕགས་ཟམ་ཁ། རོང་བྲག བརྒྱད་ཟིལ།

72. 黑冠鹃隼 *Aviceda leuphotes*

鹰形目鹰科　　二级

识别要点：黑色的长冠羽常直立头上。整体羽毛黑色，胸部具大块白斑，翼具白斑，腹部具深栗色横纹。

分布：康定、泸定、丹巴。

༧༢ ཐོད་དུང་མ། ཁྲ་དབྱིབས་ཅན་གྱི་ཁྲ་རིགས། རིམ་པ་གཉིས་པའི་རིགས།

ངོས་འཛིན་གཙོ་གནད། མགོ་སོབ་སྤུ་ནག་དེ་འཕྱོང་མོར་ལངས་ཡོད་ཅིང་། ལུས་པོ་ཚང་མ་སྤུ་མདོག་ནག་པོ་དང་བྲང་ཁར་ཁྲ་ཐིག་ཆེན་པོ་ཞིག་ཡོད། གཤོག་པར་ཁྲ་ཐིག་དཀར་པོ་ཡོད་ཅིང་གསུས་པའི་གཏིང་ངོས་ལ་ལི་དམར་འཕྲེད་རིས་ལྡན།

ཁྱབ་གནས། དར་མདོ། ལྕགས་ཟམ་ཁ། རོང་བྲག

73. 高山兀鹫 *Gyps himalayensis*

鹰形目鹰科　　二级

识别要点：通体土黄色。下体具白色纵纹，头及颈部略被白色绒羽，具皮黄色的松软领羽。

分布：全州 18 个县市。

༧༣ རྒོད་ཐང་དཀར། རྒོད་ཐང་དཀར་རིགས། རིམ་པ་གཉིས་པའི་རིགས།

ངོས་འཛིན་གཙོ་གནད། སྤྱི་གཟུགས་ས་སེར་མདོག་ཡིན། ཁོག་སྨད་ལ་གཞུང་རིས་དཀར་པོ། མགོ་དང་སྐེ་ལ་སྤུ་མདོག་དཀར་པོ་ཞིག་ཡོད་ལ། སྒྲོ་སྤུ་འཇམ་པོ་དང་མདོག་སེར་པོ་ཡིན།

ཁྱབ་གནས། ཁུལ་ཡོངས་ཀྱི་རྫོང་དང་གྲོང་ཁྱེར་བཅོ་བརྒྱད་དུ་གནས་ཡོད།

74. 秃鹫 *Aegypius monachus*

鹰形目鹰科　　一级

识别要点：通体深褐色。具松软领羽，颈部灰蓝；头部裸露，皮黄色，喉及眼下部分黑色，嘴角质色，蜡膜浅蓝。

分布：全州 18 个县市。

༧༤ བྱ་རྒོད། ཁྲ་དབྱིབས་ཅན་གྱི་ཁྲ་རིགས། རིམ་པ་དང་པོ།

ངོས་འཛིན་གཙོ་གནད། སྤྱི་གཟུགས་སྨུག་པོ། བྱ་སྒྲོའི་སྒྲོ་འཇམ་པོ་དང་སྐེ་སྐྱ་སྔོན་པོ། མགོ་གཅེར་བུ། པགས་པ་སེར་པོ། མིད་པ་དང་མིག་གི་ཆ་ཤས་ནག་པོ། ཁ་ཟུར་ཁ་དོག་ཟླ་ཚོལ་གྱི་སྐྱེ་མོ།

ཁྱབ་གནས། ཁུལ་ཡོངས་ཀྱི་རྫོང་དང་གྲོང་ཁྱེར་བཅོ་བརྒྱད་དུ་གནས་ཡོད།

75. 鹰雕 *Nisaetus nipalensis*

鹰形目鹰科　　二级

识别要点：腿被羽，上体灰褐色，头顶具长羽冠。尾红褐色具黑色横斑；喉部白色，具黑色喉中线；下腹部、腿部及尾下棕色具白色横斑。

分布：康定、泸定、九龙。

༧༥ ཁྲ་སྟག ཁྲ་དབྱིབས་ཅན་གྱི་ཁྲ་རིགས། རིམ་པ་གཉིས་པ།

ངོས་འཛིན་གཙོ་གནད། རྐང་པ་སྒྲོ་སྤུ་གང་བ། ཁོག་སྟོད་མདོག་དཀར་ནག་ཅན་གྱི་གཞུང་རིས་ཡོད། ཛ་མའི་ཁ་མདོག་སྨུག་པོའི་དབྱིབས་ཀྱི་འཕྱེད་ཁྲ་ནག་པོ། གྲེ་བའི་མདོག་དཀར་ལ་ཨོག་པའི་དཀྱིལ་སྐུད་ནག་པོ་ལྡན། གྲོད་པའི་སྨད་དང་བརླ་བ། ཛ་འོག་བཅས་ལ་ཛྫ་མདོག་གི་དཀར་རིས་འཕྱེད་བཀྲ་ཡོད།

ཁྱབ་གནས། དར་མདོ། ལྕགས་ཟམ་ཁ། བརྒྱད་ཟིལ།

76. 乌雕 *Clanga clanga*

鹰形目鹰科　　一级

识别要点：全身近黑色，翼下初级飞羽基部有不甚明显的月牙形浅色区域。飞行时可看到白色的尾上覆羽。

分布：石渠。

༧༦ གླག་ནག ཁྲ་དབྱིབས་ཅན་གྱི་ཁྲ་རིགས། རིམ་པ་དང་པོ།

ངོས་འཛིན་གཙོ་གནད། ལུས་པོ་ཚང་མ་ནག་པོ་ཡིན་པ་དང་། གཤོག་པའི་འོག་ཏུ་དམའ་རིམ་འཕུར་སྒྲོའི་གཞི་རྩ་ན་ཅང་མངོན་གསལ་མིན་པའི་ཟླ་བའི་སོའི་དབྱིབས་ཀྱི་མདོག་སྐྱ་པོ་ཅན་གྱི་ཡོད། འཕུར་སྐྱོད་སྐབས་སུ་རྫ་མའི་སྟེང་གི་སྒྲོ་དཀར་པོ་མཐོང་ཐུབ།

ཁྱབ་གནས། རྫ་ཆུ་ཁ།

77. 草原雕 *Aquila nipalensis*

鹰形目鹰科　　一级

识别要点：全身深褐色。翼下覆羽色深，飞羽略浅，可见其上密布黑色横纹。嘴裂长度可达到眼睛中后部。

分布：全州 18 个县市。

༧༧ རྒྱ་ཐང་གླག ཁྲ་དབྱིབས་ཅན་གྱི་ཁྲ་རིགས། རིམ་པ་དང་པོ།

ངོས་འཛིན་གཙོ་གནད། ལུས་པོ་ཡོངས་སྨུག་སྐྱ། གཤོག་པའི་འོག་ཏུ་སྒྲོ་ཡི་ཁ་མདོག་ཟབ། སྒྲོ་འཕུར་ཙུང་སྲབ་པས་དེའི་སྟེང་དུ་ནག་པོའི་འཕྲེད་རིས་ཁྱབ་པ་མཐོང་ཐུབ། ཁའི་རིང་ཚད་མིག་ནང་གི་རྒྱབ་ཕྱོགས་ལ་སླེབས་ཐུབ།

ཁྱབ་གནས། ཁུལ་ཡོངས་ཀྱི་རྫོང་དང་གྲོང་ཁྱེར་བཅོ་བརྒྱད་དུ་གནས་ཡོད།

78. 金雕 *Aquila chrysaetos*

鹰形目鹰科　　一级

识别要点：通体深褐色。头后颈部具金黄色羽毛，嘴巨大。飞行时尾上覆羽白色明显可见。尾长而圆，两翼呈浅V形。

分布：全州18个县市。

༧༨ གསེར་གླག ཁྲ་ཡི་རིགས། རིམ་པ་དང་པོ།

ངོས་འཛིན་གཙོ་གནད། སྤྱི་གཟུགས་སྨུག་པོ། མགོ་ལྟག་དང་སྐེ་ཏུ་གསེར་མདོག་གི་སྒྲོ་སྤུ་ཡོད། མཆུ་ཏོ་ཆེ་བ་དང་། འཕུར་སྐྱོད་སྐབས་སུ་ཛ་སྒྲོ་དཀར་པོ་མཐོང་ཐུབ། ཛ་མ་རིང་ཞིང་སྒོར་དབྱིབས་ཡིན་ལ། གཤོག་ཟུང་ནི་Vདབྱིབས་ལྟར་ཆགས་ཡོད།

ཁྱབ་གནས། ཁུལ་ཡོངས་ཀྱི་རྫོང་དང་གྲོང་ཁྱེར་བཅོ་བརྒྱད་དུ་གནས་ཡོད།

79. 凤头鹰 *Accipiter trivirgatus*

鹰形目鹰科　　二级

识别要点：具短羽冠。上体灰褐色，两翼及尾部具横斑；颈部白色具黑色纵纹。下体棕色，胸部具白色纵纹，腹部及腿部白色具黑色横斑。

分布：康定、泸定、丹巴。

༧༩ ཁྲ་ཐོག་ཟེ། ཁྲ་ཡི་རིགས། རིམ་པ་གཉིས་པ།

ངོས་འཛིན་གཙོ་གནད། མགོ་ལ་ཐོག་སྒྲོ་ཐུང་ངུ་ཞིག་ཡོད། ཁོག་སྟོད་ཀྱི་མདོག་སྐྱ་སྨུག་སྐྱ། གཤོག་པ་གཉིས་དང་རྔ་སྒྲོ་ལ་འཕྲེད་ཐིག་ཡོད། སྐེ་དཀར་ལ་ནག་རིས་ཡོད། ཁོག་སྨད་རྫ་མདོག་ཡིན་ལ། བྲང་ཁར་གཞུང་རིས་དཀར་པོ་ཡོད། གསུས་པ་དང་བརླ་མདོག་དཀར་པོ་ལ་འཕྲེད་ཁྲ་ནག་པོ་ཡོད།

ཁྱབ་གནས། དར་མདོ། ལྕགས་ཟམ་ཁ། རོང་བྲག།

80. 赤腹鹰 *Accipiter soloensis*

鹰形目鹰科　　二级

识别要点：上体淡蓝灰色，外侧尾羽具不明显黑色横斑；下体白色，两胁具浅灰色横纹，腿上也略具横纹。翼下除了初级飞羽羽端黑色外，几乎全白。

分布：康定、泸定、丹巴

༨༠ ཁྲ་གསུས་དམར། ཁྲ་དབྱིབས་ཅན་གྱི་ཁྲ་རིགས། རིམ་པ་གཉིས་པ།

ངོས་འཛིན་གཙོ་གནད། ཁོག་སྟོད་ཀྱི་མདོག་སྔོ་སྐྱ། མྗིའི་ངོ་བོ་ཟ་སྒྲོ་ལ་ནག་གི་འཕྲེད་ཐིག་མི་མངོན་པ། ཁོག་སྨད་མདོག་དཀར་པོ། བཙན་ཤེད་གཉིས་ལ་སྐྱ་མདོག་གི་འཕྲེད་རིས་ཡོད་ལ། རྐང་པར་ཡང་འཕྲེད་རིས་ཡོད། གཤོག་པའི་འོག་ཏུ་དམའ་རིམ་འཕུར་སྒྲོ་སྤུ་ནག་པོ་ལས་གཞན་ཚང་མ་དཀར་པོ་ཡིན།

ཁྱབ་གནས། དར་མདོ། ལྕགས་ཟམ་ཁ། རོང་བྲག

81. 松雀鹰 *Accipiter virgatus*

鹰形目鹰科　　二级

识别要点：上体深灰色，尾具粗横斑，下体白色，两胁棕色且具褐色横斑，喉白而具黑色喉中线。雌鸟两胁棕色少，下体多具红褐色横斑，背和尾羽皆褐色且具深色横纹。

分布：康定、泸定、丹巴。

༨༡ ཁྲིའུ་ཁྲ། ཁྲ་དབྱིབས་ཅན་གྱི་ཁྲའི་རིགས། རིམ་པ་གཉིས་པ།

ངོས་འཛིན་གཙོ་གནད། ཁོག་སྟོད་ཀྱི་མདོག་སྐྱ་བོ་དང་། རྫ་མར་འཕྲེད་ཐིག་དང་ཁོག་སྨད་མདོག་དཀར་པོ། བཙན་ཤེད་གཉིས་ཀྱི་ཁ་མདོག་སྨུག་པོར་འགྱུར་བ། གག་པའི་ཁ་དོག་དཀར་ཞིང་ནག་པའི་གྲེ་བའི་དབུས་ཐིག་ཡོད། མོ་བྱ་བཙན་ཤེད་གཉིས་ཀྱི་ཟྭ་མདོག་ཉུང་། ཁོག་སྨད་མང་ཆེ་བ་ལ་ཁྲ་སྨུག་གི་འཕྲེད་ཐིག་ཡོད་ཅིང་། རྒྱབ་དང་རྫ་སྒྲོའི་ཁ་མདོག་སྨུག་ཅིང་ནག་པའི་འཕྲེད་རིས་ལྡན་ཡོད།

ཁྱབ་གནས། དར་མདོ། ལྕགས་ཟམ་ཁ། རོང་བྲག །

82. 雀鹰 *Accipiter nisus*

鹰形目鹰科　　二级

识别要点：雄鸟上体灰褐色，下体白色具棕色横斑，尾具深色横斑。脸棕色。雌鸟上体褐色，下体白色具有灰褐色横斑，脸浅棕色。

分布：全州 18 个县市。

༨༢ ཁྲིཙ་གླག　གླག་དབྱིབས་ཅན་གྱི་གླག་རིགས། རིམ་པ་གཉིས་པ།

ངོས་འཛིན་གཙོ་གནད།　ཕོ་གླག་གི་ཁོག་སྟོད་སྐྱ་བོ་དང་ཁོག་སྨད་དཀར་པོར་ཟྫ་མདོག་གི་འཕྲེད་ཁྲ་ཡོད་ཅིང་། རྔ་མར་མདོག་ནག་འཕྲེད་ཁྲ་དོད་ཡོད་པ་ཡིན།　དེ་མ་ཟད་གདོང་ཟྫ་མདོག་ཡང་ཡིན། མོ་གླག་ཁོག་སྟོད་ཁམ་མདོག་དང་ཁོག་སྨད་དཀར་ལ་གདོག་སྐྱ་བོ་གི་འཕྲེད་ཁྲ་དོད་ཡོད། གདོང་ཟྫ་མདོག་སྐྱ་བོ་ཡིན།

ཁྱབ་གནས། ཁུལ་ཡོངས་ཀྱི་རྫོང་དང་གྲོང་ཁྱེར་བཅོ་བརྒྱད་དུ་གནས་ཡོད།

83. 苍鹰 *Accipiter gentilis*

鹰形目鹰科　　二级

识别要点：具白色的宽眉纹。成鸟下体白色具红褐色横斑，上体青灰色。幼鸟下体具偏黑色粗纵纹。

分布：全州 18 个县市。

༨༣཰ཧོར་པ་གླུ་གུ　སྐྱག་དབྱིབས་ཅན་གྱི་སྐྱག་རིགས།　རིམ་པ་གཉིས་པ།

ངོས་འཛིན་གཙོ་གནད།　　དཀར་ཞིང་སྨིན་མར་རི་མོ་ཡོད་པ། དེའི་ཁོག་སྨད་དཀར་པོ་སྟེང་དུ་དམར་སྨུག་གི་འཕྲེད་ཐིག་ཡོད་ལ། ཁོག་སྟོད་སྔོན་པོ་ཡིན། བྱིའུ་ཕྲུག་གི་ཁོག་སྨད་ནག་ཞིང་སྦོམ་པའི་རི་མོ་ལྡན།

ཁྱབ་གནས། ཁུལ་ཡོངས་ཀྱི་རྫོང་དང་གྲོང་ཁྱེར་བཅོ་བརྒྱད་དུ་གནས་ཡོད།

84. 白腹鹞 *Circus spilonotus*

鹰形目鹰科　　二级

识别要点：雄鸟喉胸部黑色具有白色纵纹，下体白色；飞行时除翼尖为黑色外，翼下皆为白色。雌鸟尾上覆羽褐色或有时浅色。

分布：全州 18 个县市。

༨༤ ཡེ་རྗེ་གསུས་དཀར། ཁླག་དབྱིབས་ཅན་གྱི་ཁླག་རིགས། རིམ་པ་གཉིས་པ།

ངོས་འཛིན་གཙོ་གནད། ཕོ་ཁླག་གྲེ་བ་དང་བྲང་གི་སྤུ་ནག་པོ་སྟེང་དུ་མདོག་དཀར་བའི་གཞུང་ཐྲ་དོད་ཡོད། དེ་མ་ཟད་ཁོག་སྨད་དཀར་པོ་ཀྲུང་ཀྲུང་ཡིན། འཕུར་སྐྱོད་བྱེད་སྐབས་གཤོག་སྣེ་དང་མཇུག་ནག་པོ་ཡིན་པ་ཕུད། གཤོག་པའི་འོག་ཚང་མ་དཀར་པོ་ཡིན། མོ་ཁླག་རྫ་མའི་སྟེང་དུ་ཁ་དོག་སྨུག་པོའམ་ཡང་ན་སྐབས་འགར་མདོག་སྐྱ་བོ་ཡིན།

ཁྱབ་གནས། ཁུལ་ཡོངས་ཀྱི་རྫོང་དང་གྲོང་ཁྱེར་བཅོ་བརྒྱད་དུ་གནས་ཡོད།

85. 白尾鹞 *Circus cyaneus*
鹰形目鹰科　　二级

识别要点：通体灰色，翼尖黑色，胸腹及翼下全白。雌鸟整体为褐色，胸腹黄色有褐色纵纹，白腰明显。飞行时可见翼下飞羽上有粗重的黑色横纹。

分布：全州 18 个县市。

༨༥ ཡི་རྩེ་དཀར་མོ། ཁྲག་དབྱིབས་ཅན་གྱི་ཁྲག་རིགས། རིམ་པ་གཉིས་པ།

ངོས་འཛིན་གཙོ་གནད། སྤྱི་མདོག་ཡོངས་སུ་སྐྱ་བོ་དང་གཤོག་རྩེ་ནག་པོ་ཡིན་ལ། བྲང་དང་གསུས། གཤོག་པའི་འོག་ཚང་མ་དཀར་པོ་ཡིན། མོ་བྱིའུ་སྤྱི་མདོག་སྨུག་པོ་ཡིན་ཞིང་བྲང་གི་སྤྱི་མདོག་སེར་པོའི་གཞུང་གཟུགས་འདྲིས་ཡོད། སྐེད་པའི་མདོག་དཀར་ལ་མངོན་གསལ་དོད་པོ་རེད། འཕུར་སྐྱོད་བྱེད་སྐབས་གཤོག་པ་འོག་གི་གཤོག་སྒྲོ་སྟེང་དུ་མགོ་ནག་པོའི་འཕྲེད་རིས་ཡོད་པ་མཐོང་ཐུབ།

ཁྱབ་གནས། ཁུལ་ཡོངས་ཀྱི་རྫོང་དང་གྲོང་ཁྱེར་བཅོ་བརྒྱད་དུ་གནས་ཡོད།

86. 鹊鹞 *Circus melanoleucos*

鹰形目鹰科　　二级

识别要点：雄鸟头胸部黑色，飞行时可见其头部及肩部黑色形成“三叉戟”图案。雌鸟尾上覆羽白色，尾具横斑，下体皮黄色具褐色纵纹；飞羽下面具褐色横斑。

分布：泸定、康定、丹巴。

༨༦ ཡེ་རྩེ་སྐྱ་ཀ། སྡིག་དབྱིབས་ཅན་གྱི་སྡིག་རིགས། རིམ་པ་གཉིས་པ།

ངོས་འཛིན་གཙོ་གནད། ཕོ་བྱ་ཡི་མགོ་དང་བྲང་ནག་པོ་ཡིན་ལ་འཕུར་སྐྱོད་བྱེད་སྐབས་དེའི་མགོ་བོ་དང་ཕྲག་པའི་མདོག་ནག་པོས་དམ་ཚིག་གསུམ་གྱི་རི་མོ་གྲུབ་པ་མཐོང་ཐུབ། མོ་བྱ་ཡི་རྫ་མའི་སྟེང་དུ་སྒྲོ་དཀར་པོ་དང་འཕྲེད་ཐིག་རི་མོ་དོད་ཡོད། དེའི་ཁོག་སྨད་པགས་པ་སེར་པོ་དང་ཁམ་མདོག་གི་གཞུང་རིས་ལྡན། འཕུར་སྒྲོ་འོག་དུ་སྨུག་མདོག་གི་ཁྲ་དོད་ཡོད།

ཁྱབ་གནས། ལྕགས་ཟམ་ཁ། དར་མདོ། རོང་བྲག

87. 黑鸢 *Milvus migrans*

鹰形目鹰科　　二级

识别要点：耳羽褐色，飞行时初级飞羽基部浅色斑与近黑色的翼尖成对照，具有标志性的浅叉形尾羽。

分布：全州 18 个县市。

༨༧ འོལ་བ། སྡག་དབྱིབས་ཅན་གྱི་ཁྲ་རིགས། རིམ་པ་གཉིས་པ།

ངོས་འཛིན་གཙོ་གནད། རྣ་སྒྲོ་སྨུག་པོ། འཕུར་སྐྱོད་བྱེད་སྐབས་དམའ་རིམ་འཕུར་སྒྲོའི་གཞི་རྩེའི་མདོག་སྐྱ་བོའི་ཁྲ་ཐིག་དང་ནག་པོའི་གཤོག་རྩེ་གཉིས་གཤིབ་བསྡུར་དང་གྲུབ། མཚོན་རྟགས་རང་བཞིན་ལྡན་པའི་ཁ་དབྱག་དབྱིབས་ཀྱི་ཇ་སྒྲོ་ཡོད།

ཁྱབ་གནས། ཁུལ་ཡོངས་ཀྱི་རྫོང་དང་གྲོང་ཁྱེར་བཅོ་བརྒྱད་དུ་གནས་ཡོད།

88. 玉带海雕 *Haliaeetus leucoryphus*

鹰形目鹰科　　一级

识别要点：头颈及胸部皮黄色，尾巴楔形且尾下具白色宽带。

分布：新龙、白玉、石渠。

༨༨ མཚོ་གླག་སྐྱ་བོ། གླག་དབྱིབས་ཅན་གྱི་གླག་རིགས། རིམ་པ་དང་པོ།

ངོས་འཛིན་གཙོ་གནད། མགོ་སྐེ་དང་བྲང་ཁའི་པགས་མདོག་སེར་པོ་ཡིན་ལ། རྫ་མ་ཁྱིའུ་དབྱིབས་མ་ཟད་མཇུག་མ་འོག་ཏུ་དྲ་ཆེན་དཀར་པོའི་ཆགས་ཞིག་ཡོད།

ཁྱབ་གནས། ཉག་རོང་དང་དཔལ་ཡུལ་དང་སེར་ཤུལ་བཅས་ལ་ཁྱབ་ཡོད།

89. 白尾海雕 *Haliaeetus albicilla*

鹰形目鹰科　　一级

识别要点：头及胸部浅褐色，嘴黄而尾白。翼下黑色飞羽与深栗色的翼下覆羽形成对比。嘴大，尾短呈楔形。

分布：康定、道孚、炉霍、甘孜、白玉、色达、理塘、石渠、新龙、德格。

༨༩ མཚོ་གླག་མཇུག་དཀར། གླག་དབྱིབས་ཅན་གྱི་གླག་རིགས།　རིམ་པ་དང་པོ།

ངོས་འཛིན་གཙོ་གནད།　མགོ་དང་བྲང་གི་ཁ་དོག་སྨུག་པོ།　མཆུ་ཧོ་སེར་ལ་རྔ་མ་དཀར་པོ་ཞིག་ཡིན། གཤོག་པ་འོག་གི་འཕུར་སྒྲོ་ནག་པོ་དང་ལི་མདོག་གི་གཤོག་པའི་འོག་གི་སྒྲོ་སྤུ་གཉིས་བསྡུར་བ་གྲུབ། མཆུ་ཧོ་ཆེ་ལ་རྔ་མ་ཐུང་ཞིང་ཁྱིའུ་དབྱིབས་ཀྱི་མདོན།

ཁྱབ་གནས།　དར་མདོ། རྟའུ། བྲག་མགོ　དཀར་མཛེས། དཔལ་ཡུལ། གསེར་རྟ། ལི་ཐང་། རྫ་ཆུ་ཁ། ཉག་རོང་། སྡེ་དགེ

90. 灰脸𫛭鹰 *Butastur indicus*

鹰形目鹰科　　二级

识别要点：颏喉白色，具黑色的喉中线。头侧灰褐色，上体褐色；胸部具大块红褐色斑块，腹部有红褐色横纹。

分布：泸定。

༩༠ གདོང་སྐྱ་ནེའུ། ཐླག་དབྱིབས་ཅན་གྱི་ཐླག་རིགས། རིམ་པ་གཉིས་པ།

ངོས་འཛིན་གཙོ་གནད། མེད་པ་དཀར་ཞིང་དཀྱིལ་ཐིག་ནག་པོ། མགོ་གཞོགས་སྐྱ་མདོག་དང་ཁོག་སྟོད་མདོག་ཁམ་སེང་ཡིན། བྲང་ཁ་ལ་དམར་སྨུག་གི་ཁྲ་ཐིག་ཆེན་པོ་ཡོད་པ་དང་གསུས་ཁོག་ལ་དམར་སྨུག་གི་འཕྲེད་རིས་ཡོད།

ཁྱབ་གནས། ལྕགས་ཟམ་ཁ།

91. 大鵟 *Buteo hemilasius*

鹰形目鹰科　　二级

识别要点：翅上初级飞羽基部大面积的浅色区域是其重要特征。脚上被毛。

分布：全州 18 个县市。

༩༡ ནེའུ་ལེ། གླག་དབྱིབས་ཅན་གྱི་གླག་རིགས། གཉིས་པའི་རིམ་པ།

ངོས་འཛིན་གཙོ་གནད། གཤོག་པའི་སྟེང་གི་དམའ་རིམ་འཕུར་སྒྲོ་རྩ་བའི་རྒྱ་ཁྱོན་ཆེ་བའི་མདོག་སྐྱ་བོའི་ས་ཁོངས་ནི་དེའི་ཁྱད་ཆོས་གཙོ་བོ་ཡིན། རྐང་པའི་སྟེང་དུ་སྤུ་ཡིས་ཁེངས་འདུག

ཁྱབ་གནས། ཁུལ་ཡོངས་ཀྱི་རྫོང་དང་གྲོང་ཁྱེར་བཅོ་བརྒྱད་དུ་གནས་ཡོད།

92. 普通鵟 *Buteo japonicus*

鹰形目鹰科　　二级

识别要点：体深黄褐色，喉部至前胸部皮黄色具细纵纹，上胸有深色带；下体暗褐色，腹部偏下部有深色斑块。脚上不被毛。

分布：全州 18 个县市。

༩༢ ཞེའུ་སྐྱ། སྟག་དབྱིབས་ཅན་གྱི་སྟག་རིགས། གཉིས་པའི་རིམ་པ།

ངོས་འཛིན་གཙོ་གནད། ཁོག་སྟོད་ཁ་དོག་ཁམ་སེར་ཡིན་པ་དང་། མིད་པ་ནས་མདུན་གྱི་བྲང་ཁའི་བར་གྱི་པགས་པ་སེར་པོ་དང་གཞུང་རིས་ཕྲ་མོ་ཡིན་པ། བྲང་སྟོད་ཀྱི་མདོག་ནག་པོས་ཁེངས་པ། ཁོག་སྨད་མདོག་སྨུག་ནག གསུམ་པའི་འོག་ཏུ་ནག་ཐིང་ཁྲ་ཐིག་ཡོད། རྐང་པའི་སྟེང་དུ་སྤུ་མེད།

ཁྱབ་གནས། ཁུལ་ཡོངས་ཀྱི་རྫོང་དང་གྲོང་ཁྱེར་བཅོ་བརྒྱད་དུ་ཁྱབ་ཡོད།

93. 喜山鵟 *Buteo refectus*

鹰形目鹰科　　二级

识别要点：体型似普通鵟而较小。全身黑色，尾羽白色带有细横纹，并有宽的黑色端斑。

分布：石渠、色达、德格、白玉、甘孜、理塘、巴塘、稻城、新龙。

༩༣ རི་སྐྱ་ནེའུ། གླག་དབྱིབས་ཅན་གྱི་གླག་རིགས། རིམ་པ་གཉིས་པ།

དབྱེ་འབྱེད་གཙོ་གནད། གཟུགས་དབྱིབས་ནི་ནེའུ་སྐྱ་གཟུགས་འདྲ་བ་ལས་ཅུང་ཆུང་། ལུས་ཡོངས་ཀྱི་ནག་པོ། མཇུག་སྒྲོ་ལ་འཕྲེད་རིས་ཕྲ་མོ་ཡོད་པ་མ་ཟད། ད་དུང་ཞེང་ཆེ་བའི་ནག་པོ་སྣེ་ཁྲ་ཡོད།

ཁྱབ་གནས། རྫ་ཆུ་ཁ། གསེར་རྟ། སྡེ་དགེ། དཔལ་ཡུལ། དཀར་མཛེས། ལི་ཐང་། འབའ་ཐང་། འདབ་པ། ཉག་རོང་།

94. 领角鸮 *Otus lettia*

鸮形目鸱鸮科　　二级

识别要点：具明显耳羽簇和标志性的浅色颈圈。上体偏灰或沙褐，并多具黑色及皮黄色的杂纹或斑块；下体皮黄色具黑色条纹。

分布：康定、泸定、丹巴、雅江、道孚、炉霍、理塘、新龙。

༩༤　ཨུག་པ།　ཨུག་པའི་རིགས།　རིམ་པ་གཉིས་པ།

ངོས་འཛིན་གཙོ་གནད།　རྣ་སྤྱིའི་ཚོམ་དང་མཚོན་རྟགས་རང་བཞིན་གྱི་མདོག་སྐྱ་བའི་སྐེ་ཀོར།　ཕོག་སྟོད་ནི་ཐལ་མདོག་དང་བྱེ་ཁམ་ཡིན་པ་མ་ཟད།　ད་དུང་ནག་པོ་དང་པགས་པ་སེར་པོ་ཡིན་པའི་རི་མོ་འདྲེས་མའམ་ཁྲ་ཐིག་གིས་ཁྱབ་ཡོད།　ཕོག་སྨད་ཀྱི་པགས་པ་མདོག་སེར་པོ་ལ་ཐིག་ཤར་ནག་པོས་ཁྱབ་ཡོད།

ཁྱབ་གནས།　དར་རྩེ་མདོ།　ལྕགས་ཟམ་ཁ།　རོང་བྲག　ཉག་ཆུ་ཁ།　རྟའུ།　བྲག་འགོ།　ལི་ཐང་།　ཉག་རོང་།

95. 红角鸮 *Otus sunia*

鸮形目鸱鸮科　　二级

识别要点：小型角鸮。眼黄色，胸部满布黑色条纹。分为灰色型和棕色型两种。

分布：泸定、康定、丹巴。

༩༥ འུག་དམར། འུག་པའི་དབྱིབས་ཅན་གྱི་དུར་བྱ་རིགས། རིམ་པ་གཉིས་པ།

ངོས་འཛིན་གཙོ་གནད། རྭ་ཅོ་ཆུང་གྲས་ཤིག མིག་སེར་པོ་དང་བྲང་ལ་ཐིག་ཤར་ནག་པོ་གང་འདུག མདོག་སྐྱ་བོ་ཅན་དང་རྫ་མདོག་ཅན་རིགས་གཉིས་སུ་དབྱེ་ཆོག

ཁྱབ་གནས། ལྕགས་ཟམ་ཁ། དར་རྩེ་མདོ། རོང་བྲག

96. 雕鸮 *Bubo bubo*

鸮形目鸱鸮科　　二级

识别要点：耳羽簇长，眼睛橘黄色。体羽褐色斑驳。胸部皮黄色具有深褐色纵纹，每片羽毛具褐色细横斑。脚上被毛。

分布：全州 18 个县市。

༩༦ ཨུག་སླག ཨུག་པའི་དབྱིབས་ཅན་གྱི་དུར་བྱའི་རིགས། རིམ་པ་གཉིས་པ།

ངོས་འཛིན་གཙོ་གནད། རྣ་སྒྲོ་ཆེམ་རིང་ཞིང་མིག་ལི་ཝང་སེར་པོ་ཡིན། ལུས་ཀྱི་ཁ་དོག་སྨུག་པོར་གྱུར་འདུག བྲང་གི་པགས་པ་སེར་པོ་ལ་མདོག་སྨུག་པོའི་གཞུང་རིས་ཡོད་པ་དང་། སྤུ་ལེབ་རེ་རེ་ལ་མདོག་སྨུག་པོའི་འཕྲེད་ཐིག་ཡོད། རྐང་པ་ལ་སྤུ་ཡོད།

ཁྱབ་གནས། ཁུལ་ཡོངས་ཀྱི་རྫོང་དང་གྲོང་ཁྱེར་བཅོ་བརྒྱད་དུ་གནས་ཡོད།

97. 灰林鸮 *Strix aluco*

鸮形目鸱鸮科　　二级

识别要点：无耳羽簇，通体褐色。羽毛具复杂的纵纹及横斑。上体有少量白斑，脸盘上有一偏白的V形。

分布：全州 18 个县市。

༼༩༧༽ འུག་པ་ཐལ་སྐྱ། འུག་པའི་རིགས། རིམ་པ་གཉིས་པ།

ངོས་འཛིན་གཙོ་གནད། རྣ་བའི་སྒྲོ་ཚོམ་མེད་པ་དང་། ལུས་ཡོངས་ཁ་དོག་སྨུག་པོ་ཡིན། སྒྲོ་སྤུ་ལ་རྙོག་འཛིང་ཆེ་བའི་གཞུང་རིས་དང་འཕྲེད་ཐིག་གིས་ཁྱབ་ཡོད། ཁོག་སྟོད་དུ་དཀར་ཁྲ་ཉུང་ཙམ་ཡོད་ཅིང་། གདོང་ལ་Vདབྱིབས་ཅན་དཀར་པོ་ཞིག་ཡོད།

ཁྱབ་གནས། ཁུལ་ཡོངས་ཀྱི་རྫོང་དང་གྲོང་ཁྱེར་བཅོ་བརྒྱད་དུ་གནས་ཡོད།

98. 四川林鸮 *Strix davidi*

鸮形目鸱鸮科　　一级

识别要点：无耳羽簇，整体灰褐色，面庞灰色，眼褐色。看似一只体大的灰林鸮，但下体纵纹较简单。

分布：全州 18 个县市。

༩༨ སི་ཁྲོན་འུག་པ། འུག་པའི་དབྱིབས་ཅན་གྱི་དུར་བྱའི་རིགས། རིམ་པ་དང་པོ།

ངོས་འཛིན་གཙོ་གནད། རྣ་མེད་སྒྲོ་ཚོམ་དང་། ལུས་པོ་རྩིལ་པོ་སྨུག་སྐྱ། གདོང་སྐྱ་བོ།མིག་སྨུག་སྐྱ་བཅས་ཡིན། བལྟས་ཡོང་ན་གཟུགས་ཆེ་བའི་འུག་པ་ཐལ་སྐྱ་ཞིག་ཡིན། འོན་ཀྱང་ལྟོག་སྨད་དུ་གཞུང་རིས་ཅུང་ཉུང་བ་ཡོད།

ཁྱབ་གནས། ཁུལ་ཡོངས་ཀྱི་རྫོང་དང་གྲོང་ཁྱེར་བཅོ་བརྒྱད་དུ་གནས་ཡོད།

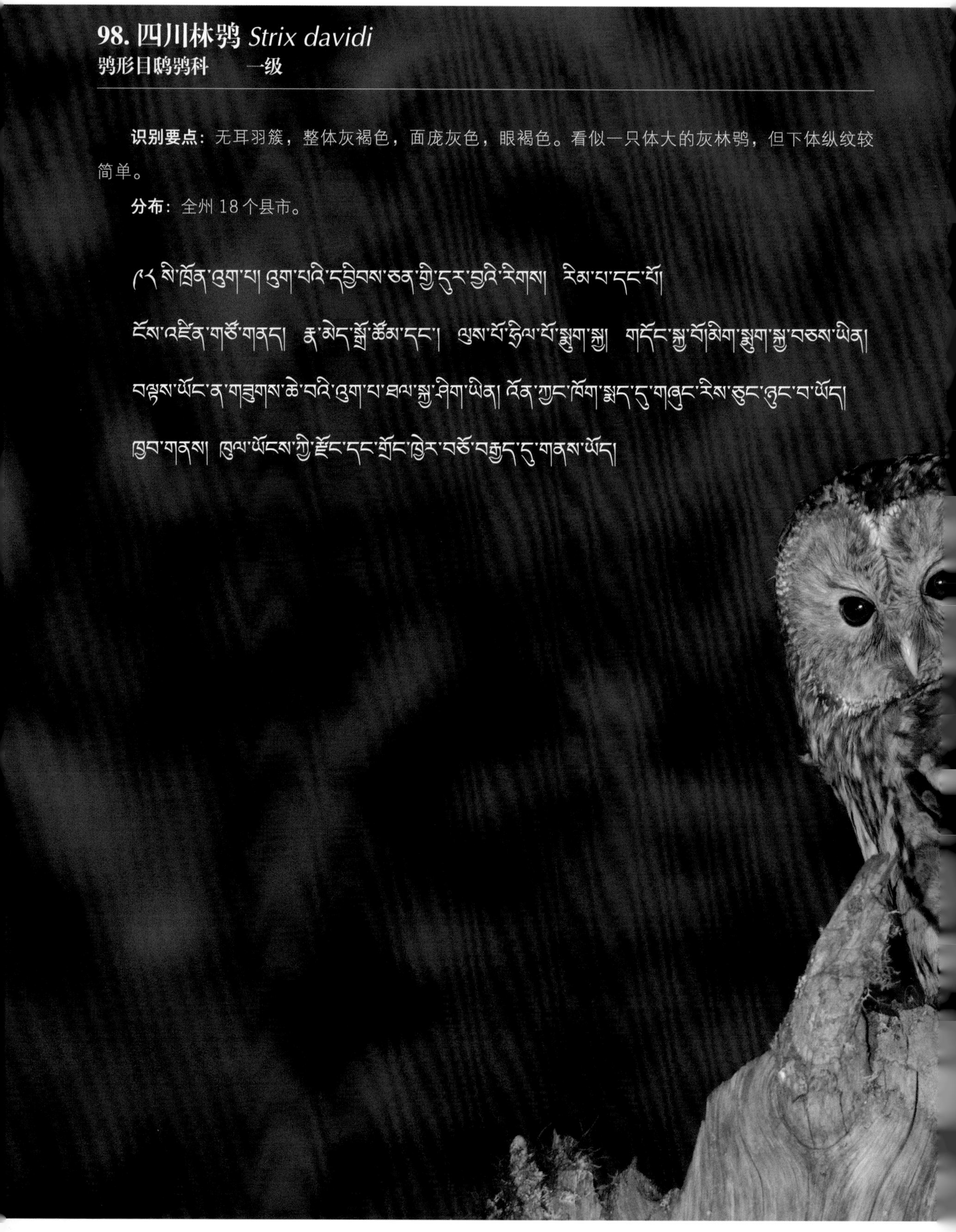

99. 领鸺鹠 *Glaucidium brodiei*

鸮形目鸱鸮科　　二级

识别要点：体型小，高不足 20 cm，眼黄色，颈圈浅色。上体浅褐色具橙黄色横斑，头顶灰色具点斑，喉白色具褐色横斑；胸腹部皮黄色，颈背有假眼。

分布：全州 18 个县市。

༩༩ ཨུག་པ་ཆུང་ཆུང་། ཨུག་པའི་དབྱིབས་ཅན་གྱི་དུར་བྱའི་རིགས། རིམ་པ་གཉིས་པ།

ངོས་འཛིན་གཙོ་གནད། གཟུགས་དབྱིབས་ཆུང་ཞིང་ལི་སྨི་༢༠ཡང་ཟིན་གྱི་མེད། མིག་གི་མདོག་སེར་པོ་དང་སྐེ་སྒོར་མདོག་སྐྱ་ཡིན། ལྟོག་སྟོད་ཁམ་མདོག་ལ་སེར་མདོག་གི་འཕྲེད་ཐིག་ཡོད་ཅིང་། མགོ་ལ་ཐལ་མདོག་གི་ཁྲ་ཐིག་ཡོད་པ་དང་། མིད་པ་དཀར་པོར་ཁམ་མདོག་གི་འཕྲེད་ཐིག་ཡོད་པ། བྲང་ལྟོག་གི་པགས་པ་སེར་པོ་དང་སྐེ་རྒྱབ་ལ་མིག་རྫུན་མ་ཡོད།

ཁྱབ་གནས། ཁུལ་ཡོངས་ཀྱི་རྫོང་དང་གྲོང་ཁྱེར་བཅོ་བརྒྱད་དུ་གནས་ཡོད།

100. 斑头鸺鹠 *Glaucidium cuculoides*

鸮形目鸱鸮科　　二级

识别要点：眼睛黄色，头顶具有浅色横纹。上体棕褐色具浅色横斑，肩部有一道白色斑纹，下体偏褐色具浅色横斑。

分布：全州 18 个县市。

༡༠༠ འུག་ཁྲ་ཆུང་ཆུང་། འུག་པའི་དབྱིབས་ཅན་གྱི་དུར་བྱ་རིགས། རིམ་པ་གཉིས་པ།

ངོས་འཛིན་གཙོ་གནད། མིག་སེར་པོ་ཡིན་པ་དང་། མགོ་ལ་མདོག་སྐྱ་བའི་འཕྲེད་རིས་ཡོད། ཁོག་སྟོད་ཀྱི་རྫ་མདོག་ལ་སྐྱ་བོ་འཕྲེད་ཐིག་ཡོད། ཕྲག་པར་མདོག་དཀར་པོ་ཅན་གྱི་ཁྲ་ཐིག་ཡོད། ཁོག་སྨད་དུ་ཁམ་མདོག་ལ་སྐྱ་བོ་ཅན་གྱི་འཕྲེད་ཐིག་མཆིས།

ཁྱབ་གནས། ཁྱུལ་ཡོངས་ཀྱི་རྫོང་དང་གྲོང་ཁྱེར་བཅོ་བརྒྱད་དུ་གནས་ཡོད།

101. 纵纹腹小鸮 *Athene noctua*

鸮形目鸱鸮科　　二级

识别要点：头顶平，眼睛黄色。眼圈、眉纹白色。上体褐色具白色纵纹。下体白色具褐色纵纹。肩上有两道黄白色的横斑。

分布：全州 18 个县市。

༡༠༡ འུག་ཆུང་ཁྲུར་ཤ། འུག་པའི་དབྱིབས་ཅན་གྱི་དུར་བྱ་རིགས། རིམ་པ་གཉིས་པ།

ངོས་འཛིན་གཙོ་གནད། མགོ་མཉམ་དང་མིག་སེར་པོ་ཡིན། མིག་ཀོང་དང་སྨིན་རིས་དཀར་པོའང་ཡིན་ལ། ཁོག་སྟོད་ཀྱི་རྫ་མདོག་གི་གཞུང་རིས་དཀར་པོ་ལྡན། ཁོག་སྨད་ཀྱི་མདོག་དཀར་པོ་ཅན་གྱི་མདོག་སྨུག་པོའི་གཞུང་རིས་མཆིས། ཕྲག་པའི་ཐོག་ལ་དཀར་སེར་གྱི་འཕྲེད་ཁྲ་གཉིས་ཡོད།

ཁྱབ་གནས། ཁུལ་ཡོངས་ཀྱི་རྫོང་དང་གྲོང་ཁྱེར་བཅོ་བརྒྱད་དུ་གནས་ཡོད།

102. 长耳鸮 *Asio otus*

鸮形目鸱鸮科　　二级

识别要点：具有圆面盘，黑色耳羽簇较长，眼睛橙黄色。面部具明显白色 X 图形。上体褐色具暗色斑块。下体皮黄色具棕色杂纹。

分布：康定。

༡༠༢ འུག་པ་རྣ་རིང་།　འུག་པའི་དབྱིབས་ཅན་གྱི་དུར་བྱ་རིགས།　རིམ་པ་གཉིས་པ།

ངོས་འཛིན་གཙོ་གནད། གདོང་སྒོར་སྒོར། རྣ་སྤུ་ཚོམ་ཞིང་ནག་པོ་ཅུང་རིང་བ་དང་། མིག་གི་ཁ་དོག་སེར་པོ་ཡིན་པ། ངོ་གདོང་ལ་ཧ་ཅང་དཀར་བའི་X་རིས་དབྱིབས་ཡོད་ལ། ཁོག་སྟོད་རྒྱ་མདོག་ལ་མདོག་ནག་པའི་ཁྲ་ཐིག་ཡོད་ཅིང་། ཁོག་སྨད་དུ་ཤ་པགས་སེར་པོ་ལ་རྒྱ་མདོག་གི་རི་མོ་སྣ་ཚོགས་ཡོད་པ་ཞིག་ཡིན།

ཁྱབ་གནས།　དར་མདོ།

103. 红头咬鹃 *Harpactes erythrocephalus*

咬鹃目咬鹃科　　二级

识别要点：雄鸟整体红色，双翅灰色具有细横纹，胸部红色具有狭窄的半月形白斑。雌鸟头胸部黄褐色，胸部具半月形白斑，腹部红色。

分布：巴塘、泸定。

༡༠༣ བྱེའུ་ལྷ་མ། ཁུ་བྱུག་དབྱིབས་ཅན་གྱི་བྱ་ཁུག་བྱུག་རིགས། རིམ་པ་གཉིས་པ།

ངོས་འཛིན་གཙོ་གནད། ཕོ་བྱའི་ལུས་ཡོངས་ཀྱི་སྒྲོ་སྤུ་དམར་པོ། གཤོག་གཉིས་སྐྱ་བོའི་ཐོག་ཏུ་དཀར་ཞིང་ཕྲ་བའི་འཕྲེད་རིས་མང་། བྲང་ཁོག་དམར་པོ་ཡིན་ལ་དེའི་སྟེང་ཟླ་ཕྱེད་དབྱིབས་ཀྱི་དཀར་ཐིག་ཕྲ་མོས་བརྒྱན། མོ་བྱའི་བྲང་ཁོག་ཁམ་སེར་དང་དེའི་ཐོག་ཡང་ཟླ་ཕྱེད་དབྱིབས་ཀྱི་དཀར་ཐིག་ཡོད་ལ། གསུས་པ་དམར་པོ་ཡིན།

ཁྱབ་གནས། འབའ་ཐང་། ལྕགས་ཟམ་ཁ།

104. 栗喉蜂虎 *Merops philippinus*

佛法僧目蜂虎科　　二级

识别要点：整体偏绿色，具有标志性的蓝色中央延长尾羽。嘴黑色，细长而下弯，黑色的贯眼纹上下均为蓝色。

分布：理塘。

༡༠༤ མགྲིན་སྨོན་སྦྲང་གཟན། སྦྲང་གཟན་རིགས། རིམ་པ་གཉིས་པ།

ངོས་འཛིན་གཙོ་གནད། ལུས་པོ་ཅུང་ལྗང་མདོག་ཡིན་ཞིང་། མཚོན་རྟགས་རང་བཞིན་གྱི་མདོག་སྔོན་པོའི་དཀྱིལ་ནས་མཇུག་སྒྲོའི་རིང་དུ་བཏང་ཡོད། མཆུ་ཧོ་ནག་པོ་ཕྲ་ཞིང་རིང་ལ་གུག་ཡོད། མིག་རིས་ནག་པོའི་སྟོད་སྨད་ཚང་མ་སྔོན་པོ་ཡིན།

ཁྱབ་གནས། ལི་ཐང་།

105. 三趾啄木鸟 *Picoides tridactylus*

啄木鸟目啄木鸟科　　二级

识别要点：通体黑白色，脚仅具有三趾，雄鸟头顶前额黄色，雌鸟头顶前额白色。

分布：全州 18 个县市。

༡༠༥ མཛུབ་གསུམ་ཤིང་རྟ་མོ། ཤིང་རྟ་མོའི་དབྱིབས་ཅན་གྱི་ཤིང་རྟ་མོ་རིགས། རིམ་པ་གཉིས་པ།

ངོས་འཛིན་གཙོ་གནད། སྤྱི་གཟུགས་དཀར་ནག་ཡིན་པ་དང་། རྐང་སོར་གསུམ་ལས་མེད། ཕོ་བྱའི་མགོ་ཐོག་གི་ཐོད་པ་སེར་པོ། མོ་བྱའི་མགོ་ཐོག་གི་ཐོད་པ་དཀར་པོ།

ཁྱབ་གནས། ཁུལ་ཡོངས་ཀྱི་རྫོང་དང་གྲོང་ཁྱེར་བཅོ་བརྒྱད་དུ་ཁྱབ་ཡོད།

106. 白腹黑啄木鸟 *Dryocopus javensis*

啄木鸟目啄木鸟科　　二级

识别要点：通体黑白色。上体及胸黑色，腹部白色。雄鸟具红色冠羽及颊斑，雌鸟黑色。

分布：色达。

༡༠༦ དཀར་ནག་ཐང་རྐོ། ཤིང་རྟ་མོའི་དབྱིབས་ཅན་གྱི་ཤིང་རྟ་མོའི་རིགས། རིམ་པ་གཉིས་པ།

ངོས་འཛིན་གཙོ་གནད། སྤྱིའི་གཟུགས་མདོག་དཀར་ནག་འདྲེས་པ། ཁོག་སྟོད་དང་བྲང་མདོག་ནི་ནག་པོ་ཡིན་པ་དང་། གསུས་པའི་མདོག་དཀར་པོ་ཡིན། ཕོ་བྱ་ལ་སྤྱི་དམར་པོ་དང་འགྲམ་ཁྲ་ཡོད་ལ། མོ་བྱ་ནི་ནག་པོ་ཡིན།

ཁྱབ་གནས། གསེར་རྟ།

107. 黑啄木鸟 *Dryocopus martius*

啄木鸟目啄木鸟科　　二级

识别要点：通体黑色。雄鸟头顶全红，雌鸟仅枕部红色，嘴黄白色。

分布：全州 18 个县市。

༡༠༧ ཤིང་རྟ་མོ་ནག་མོ། ཤིང་རྟ་མོའི་དབྱིབས་ཅན་གྱི་ཤིང་རྟ་མོའི་རིགས། རིམ་པ་དང་པོ།

ངོས་འཛིན་གཙོ་གནད། སྤྱི་གཟུགས་ནག་པོ་ཡིན། ཕོ་བྱ་རྣམས་ཀྱི་མགོ་དམར་པོ་དང་། མོ་བྱ་རྣམས་ཀྱི་མགོ་ལྟག་

ཁོ་ན་དམར་ཞིང་མཆུ་སེར་དཀར་ཡིན།

ཁྱབ་གནས། ཁུལ་ཡོངས་ཀྱི་རྫོང་དང་གྲོང་ཁྱེར་བཅོ་བརྒྱད་དུ་གནས་ཡོད།

108. 红隼 *Falco tinnunculus*

隼形目隼科　　二级

识别要点：雄鸟头顶及颈背灰色，尾羽蓝灰色无横斑，上体红褐色略具黑色横斑，下体皮黄色具黑色纵纹。雌鸟体型略大，较雄鸟身体横斑更粗、更多。

分布：全州 18 个县市。

༡༠༨ ཁྲ་དམར། ཁྲའི་དབྱིབས་ཅན་གྱི་ཁྲ་རིགས། རིམ་པ་གཉིས་པ།

ངོས་འཛིན་གཙོ་གནད། ཕོ་བྱའི་མགོ་དང་སྐེ་རྒྱབ་མདོག་སྐྱ་བོ་ཡིན་པ་དང་། ཇ་སྒྲོ་སྔོ་ནག་འཕྲེད་ཐིག་མེད་པ་ཞིག་ཡིན། ཁོག་སྟོད་ཀྱི་ཁ་དོག་སྨུག་པོར་འཕྲེད་ཐིག་ནག་པོ་ཅུང་ཙམ་ཡོད། ཁོག་སྨད་ཀྱི་པགས་པ་སེར་པོར་གཞུང་རིས་ནག་པོ་ཞིག་ཡིན། མོ་བྱ་ཡི་གཟུགས་གཞི་ཅུང་ཆེ་ཞིང་ཕོ་བྱའི་ལུས་པོ་འཕྲེད་ཐིག་ལས་སྦོམ་ཡང་མང་།

ཁྱབ་གནས། ཁུལ་ཡོངས་ཀྱི་རྫོང་དང་གྲོང་ཁྱེར་བཅོ་བརྒྱད་དུ་གནས་ཡོད།

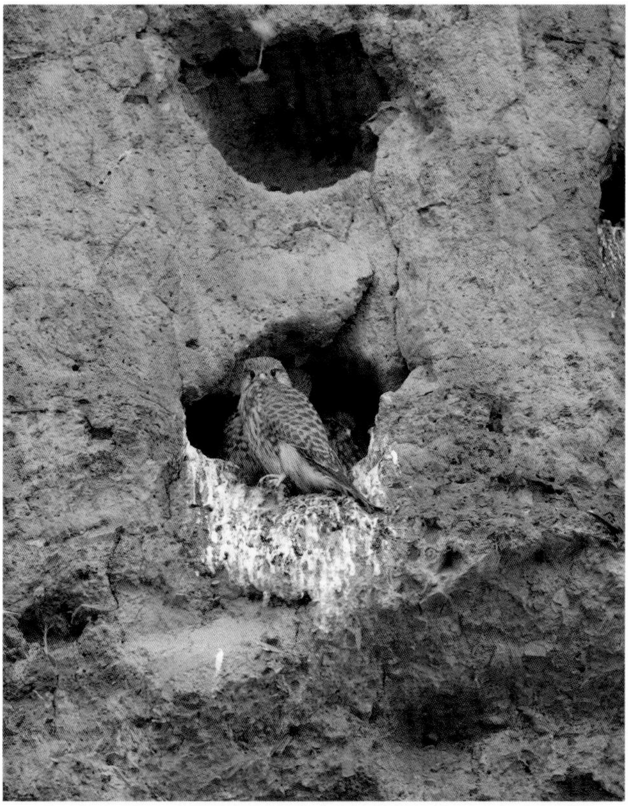

109. 红脚隼 *Falco amurensis*

隼形目隼科　　二级

识别要点：整体灰黑色，腹部及臀部棕色；飞行时可见白色的翼下覆羽及黑色的飞羽，对比鲜明。雌鸟下体具有黑色矛状斑块，臀部没有棕色。

分布：全州 18 个县市。

༡༠༩ བྱ་ཁྲ་རྐང་དམར། ཁྲའི་དབྱིབས་ཅན་གྱི་ཁྲའི་རིགས། རིམ་པ་གཉིས་པ།

ངོས་འཛིན་གཙོ་གནད། ལུས་ཡོངས་སྐྱ་ནག་ཡིན་པ་དང་། གསུས་ཁོག་དང་འཕོངས་ཁོག་སྨུག་པོ་ཡིན། འཕུར་སྐབས་ཁ་དོག་དཀར་པོའི་གཤོག་པའི་འོག་གི་སྒྲོ་དང་འཕུར་བྱའི་སྒྲོ་ནག་མཐོང་རྒྱུ་ཡོད་པས་ཁྱད་པར་ཧ་ཅང་གསལ་པོ་ཡིན། མོ་བྱའི་ཁོག་སྨད་མདུང་དབྱིབས་ཀྱི་ཁྲ་ཐིག་ནག་པོ་ཡོད་པ་དང་འཕོངས་ལ་ཟ་མདོག་མེད།

ཁྱབ་གནས། ཁུལ་ཡོངས་ཀྱི་རྫོང་དང་གྲོང་ཁྱེར་བཅོ་བརྒྱད་དུ་གནས་ཡོད།

110. 灰背隼 *Falco columbarius*

隼形目隼科　　二级

识别要点：雄鸟头顶及上体蓝灰色，略带黑色纵纹，尾蓝灰色；下体黄褐色具黑色纵纹，颈背棕色；眉纹白色。雌鸟上体灰褐色，眉纹及喉白色，下体偏白具有褐色斑纹，尾具浅色横斑。

分布：全州 18 个县市。

༡༡༠ ཁྲ་རྒྱལ་སྐྱ། ཁྲའི་དབྱིབས་ཅན་གྱི་ཁྲའི་རིགས། རིམ་པ་གཉིས་པ།

ངོས་འཛིན་གཙོ་གནད། ཕོ་བྱའི་མགོ་སྟེང་དང་ཁོག་སྟོད་ཁ་དོག་སྔོ་སྐྱ་ཡིན་ལ་གཞུང་རིས་ནག་པོ་རགས་ཙམ་ལྡན། རྔ་མའི་ཁ་དོག་སྔོ་སྐྱ་ཡིན། ཁོག་སྨད་མདོག་ཁམ་སེར་ལ་གཞུང་རིས་ནག་པོ་རགས་ཙམ་ཡོད་པ་དང་། སྐེ་རྒྱབ་རྫ་མདོག་ཡིན་ལ་སྨིན་མ་དཀར་པོ་ཡིན། མོ་བྱའི་ཁོག་སྟོད་སྨུག་སྐྱ་ཡིན་དང་། སྨིན་རིས་དང་མིད་པ་དཀར་པོ་ཡིན། ཁོག་སྨད་ཅུང་དཀར་པོར་སྨུག་པོའི་ཁྲ་ཐིག་ཡོད། རྔ་མའི་སྟེང་དུ་མདོག་སེར་པོའི་ཁྲ་ཐིག་ཡོད།

ཁྱབ་གནས། ཁུལ་ཡོངས་ཀྱི་རྫོང་དང་གྲོང་ཁྱེར་བཅོ་བརྒྱད་དུ་གནས་ཡོད།

111. 燕隼 *Falco subbuteo*

隼形目隼科　　二级

识别要点：翼狭长，腿及臀部棕色，上体深灰色，胸部白色具黑色纵纹。雌鸟体型比雄鸟大而多褐色，尾下覆羽细纹较多。

分布：全州 18 个县市。

༡༡༡ ཡུག་ཁྲ། ཁྲའི་དབྱིབས་ཅན་གྱི་ཁྲའི་རིགས། རིམ་པ་གཉིས་པ།

ངོས་འཛིན་གཙོ་གནད། གཤོག་པ་དོག་ཅིང་རིང་བ། རྐང་པ་དང་ཤོང་ཤའི་ཐ་མདོག་ཡིན་ལ། ཁོག་སྟོད་ནག་སྐྱ་ཡིན། བྲང་ཁོག་དཀར་པོའི་སྟེང་ན་གཞུང་རིས་ནག་པོ་ཞིག་ཡོད། ཕོ་བྱ་ལས་མོ་བྱའི་གཟུགས་གཞི་ཆེ་ཞིང་ཁམ་མདོག་མང་པོ་ཡོད། རྔ་འོག་གི་སྒྲོ་ལ་ཐིག་རིས་ཕྲ་ཤིང་མང་།

ཁྱབ་གནས། ཁུལ་ཡོངས་ཀྱི་རྫོང་དང་གྲོང་ཁྱེར་བཅོ་བརྒྱད་དུ་གནས་ཡོད།

112. 猎隼 *Falco cherrug*

隼形目隼科　　一级

识别要点：眉纹白色。上体多褐色而略具横斑，下体白色具有黑色点斑，腿上具有黑色横斑。

分布：全州 18 个县市。

༡༡༢ རྔོན་ཁྲ། ཁྲ་དབྱིབས་ཅན་གྱི་ཁྲའི་རིགས། རིམ་པ་དང་པོ།

ངོས་འཛིན་གཙོ་གནད།　　སྨིན་རིས་དཀར་པོ་དང་ཁོག་སྟོད་ཁམ་མདོག་མང་ཞིང་སེར་ཁྲ་ཙུང་ཡོད། ཁོག་སྨད་དཀར་པོ་ལ་ཆེག་ཁྲ་ནག་པོ་ཡོད་ཅིང་། སྒུག་པའི་སྟེང་དུ་སེར་ཁྲ་ནག་པོ་ཡོད།

ཁྱབ་གནས། ཁུལ་ཡོངས་ཀྱི་རྫོང་དང་གྲོང་ཁྱེར་བཅོ་བརྒྱད་དུ་གནས་ཡོད།

113. 游隼 *Falco peregrinus*

隼形目隼科　　二级

识别要点：头顶及脸颊黑色，具有明显的黑色颊纹；上体深灰色具黑色横纹；下体白色，胸部具黑色纵纹，腹部、腿及尾下具黑色横斑。

分布：康定、泸定、九龙、巴塘、雅江、白玉。

༡༡༣ རྒྱལ་ཁྲ། ཁྲ་དབྱིབས་ཅན་གྱི་བྱ་ཁྲ་ཚན་རིགས། རིམ་པ་གཉིས་པ།

ངོས་འཛིན་གཙོ་གནད། མགོ་དང་ངོ་གདོང་ནག་པོ་ཡིན་པ་དང་འགྲམ་རིས་ནག་པོ་གསལ་པོ་ལྡན། ཕོག་སྟོད་ཀྱི་མདོག་སྐྱ་པོ་ཅན་གྱི་འཕྲེད་རིས་ནག་པོ་ཡོད།　　ཕོག་སྨད་མདོག་དཀར་པོ་དང་བྲང་ཁར་གཞུང་རིས་ནག་པོ། གསུས་ཕོག་དང་སུག་པ། རྔ་མའི་འོག་ཏུ་བཅས་ནག་པོ་འཕྲེད་ཁྲ་ཡོད།

ཁྱབ་གནས། དར་མདོ། ལྕགས་ཟམ་ཁ། བརྒྱད་ཟིལ། འབའ་ཐང་། ཉག་ཆུ་ཁ། དཔལ་ཡུལ།

114. 灰头鹦鹉 *Psittacula finschii*

鹦鹉目鹦鹉科　　二级

识别要点：整体绿色而尾长。头青灰色，喉黑色，肩羽上栗色斑块为标志性特征。延长的尾羽尖端黄色。

分布：全州 18 个县市。

༡༡༤ ནེ་ཙོ་མགོ་སྐྱ། ནེ་ཙོ་དབྱིབས་ཅན་གྱི་ནེ་ཙོ་རིགས། རིམ་པ་གཉིས་པ།

ངོས་འཛིན་གཙོ་གནད། སྤྱི་ལུས་ཡོངས་ལྗང་མདོག་ཡིན་ལ་མཇུག་རིང་། མགོ་སྔོ་སྐྱ་དང་མིད་པ་ནག་པོ་ཡིན་པ། ཕྲག་སྒྲོའི་སྟེང་གི་ལི་མདོག་ཁྲ་ཛོག་ནི་མཚོན་རྟགས་རང་བཞིན་གྱི་ཁྱད་ཆོས་ཡིན། རིང་པོའི་མཇུག་སྒྲོའི་རྩེ་མོ་སེར་པོ་ཡིན།

ཁྱབ་གནས། ཁུལ་ཡོངས་ཀྱི་རྫོང་དང་གྲོང་ཁྱེར་བཅོ་བརྒྱད་དུ་གནས་ཡོད།

115. 大紫胸鹦鹉 *Psittacula derbiana*

鹦鹉目鹦鹉科　　　二级

识别要点：上嘴亮红色，头胸部紫灰色。眼周淡绿色，眼先具黑色横带，喉部黑色，中央尾羽渐变为偏蓝色。雌鸟的上嘴为黑色。

分布：全州 18 个县市。

༡༡༥ བྱང་སྨུག་ནེ་ཙོ། ནེ་ཙོ་དབྱིབས་ཅན་གྱི་ནེ་ཙོ་རིགས། རིམ་པ་གཉིས་པ།

ངོས་འཛིན་གཙོ་གནད། ཁ་ངོས་དམར་པོ་ཡིན་པ། མགོ་དང་བྲང་ངོས་མདོག་སྨུག་སྐྱ་ཡིན། མིག་གི་མཐའ་སྐོར་ལྗང་སྐྱ་ཡིན། མིག་སྔོན་ལ་འཕྲེད་ཐིགས་ནག་པོ་ཡོད་ཅིང་། མིད་པ་ནག་པོ་ཡིན། དཀྱིལ་གྱི་ཇ་སྒྲོ་ནི་རིམ་བཞིན་སྔོན་པོར་བསྒྱུར། མོ་བྱའི་ཁ་བསྒྲགས་ནག་པོ་ཡིན།

ཁྱབ་གནས། ཁུལ་ཡོངས་ཀྱི་རྫོང་དང་གྲོང་ཁྱེར་བཅོ་བརྒྱད་དུ་ཁྱབ་ཡོད།

116. 黑头噪鸦 *Perisoreus internigrans*

雀形目鸦科　　一级

识别要点：整体深灰色，头部和翅膀黑色，嘴短呈黄色。

分布：炉霍、道孚、德格。

༡༡༦ ཁྭ་ཚ། བྱིའུ་དབྱིབས་ཅན་གྱི་བྱ་རོག་རིགས། རིམ་པ་དང་པོ།

ངོས་འཛིན་གཙོ་གནད། གཟུགས་ཧྲིལ་པོ་སྐྱ་བོ་ཡིན་པ་དང་མཆུ་ཐུང་ཞིང་སེར་པོ་ཡིན།

ཁྱབ་གནས། བྲག་མགོ། རྟའུ། སྡེ་དགེ

117. 白眉山雀 *Poecile superciliosus*

雀形目山雀科　　二级

识别要点：头顶及喉胸部黑色，白色长眉纹，头侧、两胁及腹部黄褐色，上体深灰色。

分布：康定、德格、石渠、色达、白玉、雅江、理塘、巴塘。

༡༡༧ དུང་མ་ཏེའུ་ཏིང་། བྱིའུ་དབྱིབས་ཅན་གྱི་རི་བྱིའུ་རིགས། རིམ་པ་གཉིས་པ།

ངོས་འཛིན་གཙོ་གནད། མགོ་དང་མིད་པ་བྲང་ཁོག་ནག་པོ། སྨིད་མ་དཀར་ཞིང་རིང་བ་དང་། མགོའི་གཞོགས་དང་མཆན་གཉིས། གསུས་ཁོག་མདོག་ཁམ་སེར་ཡིན་ཞིང་། ཁོག་སྟོད་མདོག་སྐྱ་བོ་བཅས་ཡིན།

ཁྱབ་གནས། དར་མདོ། སྡེ་དགེ སེར་ཤུལ། གསེར་རྟ། དཔལ་ཡུལ། ཉག་ཆུ་ཁ། ལི་ཐང་། འབའ་ཐང་།

118. 红腹山雀 *Poecile davidi*

雀形目山雀科　　二级

识别要点：头及喉胸部黑褐色，白色脸颊，颈圈棕色，下体栗黄色，背部、两翼及尾羽橄榄灰色，飞羽具浅色边缘。

分布：巴塘、得荣、康定、泸定。

༡༡༨ རི་བྱིའུ་གསུས་དམར། བྱིའུ་དབྱིབས་ཅན་གྱི་རི་བྱིའི་རིགས། རིམ་པ་གཉིས་པ།

ངོས་འཛིན་གཙོ་གནད། མགོ་དང་མིད་པ། བྲང་ཁོག་བཅས་སྨུག་ནག་ཡིན་པ། ངོ་གདོང་དཀར་པོ། སྐེ་ཀོར་ཟ་མདོག ཁོག་སྨད་ལི་སེར་པོར་གྱུར་པ་དང་། རྒྱབ་དང་གཤོག་ཟུང་། མཇུག་སྒྲོའི་བཅས་མདོག་རྒྱ་ཨར་སྐྱ་བོ་ཡིན། སྒྲོ་འཕུར་མཐའ་ལ་མདོག་སྐྱ་བོ་ཡིན།

ཁྱབ་གནས། འབའ་ཐང་། སྡེ་རོང་། དར་མདོ། ལྕགས་ཟམ་ཁ།

119. 金胸雀鹛 *Lioparus chrysotis*

雀形目莺鹛科　　二级

识别要点：整体色彩鲜艳。上体橄榄灰色，耳羽灰白色，白色的顶纹延伸至上背；下体黄色，喉深色，两翼及尾近黑色，飞羽及尾羽有黄色羽缘，三级飞羽羽端白色。

分布：康定、泸定、雅江。

༡༡༩ འཇོལ་མོ་བྲང་གསེར། བྱིའུ་དབྱིབས་ཅན་གྱི་ལྷུང་བྱིའུ་རིགས། རིམ་པ་གཉིས་པ།

ངོས་འཛིན་གཙོ་གནད། སྤྱི་ཡོངས་ཀྱི་ཚོན་མདངས་རྣམ་པར་བཀྲ་བ། སྟེང་གཟུགས་རྒྱ་མདོག་རྣ་སྒྲོ་ནི་དཀར་སྐྱ། ཡིན་པ་དང་སྟེང་རིས་དཀར་པོ་ནི་སྟེང་རྒྱབ་ཏུ་བཞག་ཡོད་འོག་གཟུགས་སེར་པོ་མིད་པ་སེར་པོ་གཤོགས་གཉིས་དང་རྔ་མའི་ཁ་དོག་ནག་པོ་འཕུར་སྒྲོ་དང་རྔ་སྒྲོའི་མཐའ་སེར་པོ་རིམ་པ་གསུམ་པའི་འཕུར་སྒྲོའི་སྐེ་དཀར་པོ།

ཁྱབ་གནས། དར་མདོ། ལྕགས་ཟམ་ཁ། ཉག་ཆུ་ཁ།

120. 宝兴鹛雀 *Moupinia poecilotis*

雀形目莺鹛科　　二级

识别要点：整体棕褐色。上体棕褐色，眉纹近灰色。喉部白色，胸部黄色；两胁及臀部黄褐色，翅膀及尾羽栗色。

分布：康定、泸定。

༡༢༠ པའོ་ཤིང་འཇོལ་མོ། བྱིའུ་དབྱིབས་ཅན་གྱི་ལྕང་བྱིའུ་རིགས། རིམ་པ་གཉིས་པ།

ངོས་འཛིན་གཙོ་གནད། སྤྱི་ལུས་ཡོངས་ཀྱི་ཁམ་སྨུག་ཡིན་ལ། ཁོག་སྟོད་ཛ་མདོག་དང་སྨིན་རིས་སྐྱ་བོ། མིད་པ་དཀར་ཞིང་བྲང་ཁ་སེར་པོ་ཡིན།བྲང་གཉིས་དང་འཕོངས་སེར་ཁམ་གསེར་གཤོག་པ་དང་མཇུག་སྒྲོའི་ལི་སེར་མདོག

ཁྱབ་གནས། དར་མདོ། ལྕགས་ཟམ་ཁ།

121. 中华雀鹛 *Fulvetta striaticollis*

雀形目莺鹛科　　二级

识别要点：眼白色，喉部白色具褐色纵纹。上体灰褐色，头顶及上背具深色纵纹；下体浅灰色。两翼棕褐色，翅膀上有浅色翅斑。

分布：全州 18 个县市。

༡༢༡ ཀྲུང་ཧྭ་འཛོལ་མོ། བྱིའུ་དབྱིབས་ཅན་གྱི་ལྷུང་བྱིའུ་རིགས། རིམ་པ་གཉིས་པ།

ངོས་འཛིན་གཙོ་གནད། མིག་དཀར་པོ། མིད་པ་དཀར་པོ་ལ་ཁམ་མདོག་གི་རི་མོ་ཡོད། ཁོག་སྟོད་མདོག་སྐྱུག་སྐྱ། མགོ་དང་རྒྱབ་སྟོད་གཞུང་རིས་ནག་པོ་ཡོད། ཁོག་སྨད་སྐྱ་མདོག་ཡིན། གཤོག་ཟུང་ཇ་མདོག་དང་གཤོག་པའི་སྟེང་ན་མདོག་སྐྱ་བའི་གཤོག་ཁྲ་ཡོད།

ཁྱབ་གནས། ཁུལ་ཡོངས་ཀྱི་རྫོང་དང་གྲོང་ཁྱེར་བཅོ་བརྒྱད་དུ་ཁྱབ་ཡོད།

122. 三趾鸦雀 *Cholornis paradoxus*

雀形目莺鹛科　　二级

识别要点：通体橄榄灰色。冠羽蓬松，白色眼圈明显，眼先及眉纹深褐色。初级飞羽羽缘白色，翅膀收起时成浅色斑块。

分布：泸定。

༡༢༢ ཁང་གསུམ་སྐྱུང་བྱིའུ། ལྕང་བྱིའུ་རིགས། རིམ་པ་གཉིས་པ།

ངོས་འཛིན་གཙོ་གནད། ལུས་པོ་སྤྱིའི་ཆ་ཤས་རྒྱ་ཨར་སྐྱ་མདོག་ཡིན། གཙུག་སྤུ་སོབ་སོབ། མིག་མཐའ་དཀར་པོ་མངོན་གསལ་ཅན། མིག་སྔོན་དང་སྨིན་རིས་མཚམས་སུ་མདོག་སྨུག་སྐྱ་ཡིན། སྒྲོ་མཐའ་དཀར་པོ་ཡིན་པ་དང་། གཤོག་པ་སྐུམ་སྐབས་མདོག་སྐྱ་བོའི་ཁྲ་ཐིག་ཡོད།

ཁྱབ་གནས། ལྕགས་ཟམ་ཁ།

123. 暗色鸦雀 *Sinosuthora zappeyi*

雀形目莺鹛科　　二级

识别要点：头灰色具羽冠，白色眼圈明显。上体棕褐色，三级飞羽及中央尾羽色深。喉胸部浅灰色，腹部红褐色。

分布：泸定。

༡༢༣　སྙུང་བྱིའུ་ནག་པོ། ལྗང་བྱིའུ་རིགས། རིམ་པ་གཉིས་པ།

ངོས་འཛིན་གཙོ་གནད། མགོ་སྐྱ་བོ་ལ་སྤྱི་རྩེ་ཡོད་པ་དང་། མིག་མཐའ་དཀར་པོ་མངོན་གསལ་ཡོད། ཁོག་སྟོད་ཁམ་མདོག་ཡིན་ལ། རིམ་པ་གསུམ་པའི་འཕུར་སྒྲོ་དང་དཀྱིལ་གྱི་ཪ་སྒྲོའི་མདོག་སྣུག་པོ་ཡིན། གྲེ་བ་དང་བྲང་ཁའི་མདོག་སྐྱ་བོ་ཡིན་ཞིང་། གྲོད་པའི་མདོག་དམར་སྨུག་ཡིན།

ཁྱབ་གནས། ལྕགས་ཟམ་ཁ།

124. 灰冠鸦雀 *Sinosuthora przewalskii*

雀形目莺鹛科　　一级

识别要点：顶冠及颈背灰色，眼先及眉纹红褐色。上体灰橄榄色，喉胸部黄褐色，腹部灰褐色。

分布：稻城。

༡༢༤ སྐྱུང་བྱིའུ་མགོ་སྐྱ། བྱིའུ་དབྱིབས་ཅན་གྱི་ལྕུང་བྱིའུ་རིགས། རིམ་པ་དང་པོ།

ངོས་འཛིན་གཙོ་གནད། མགོ་རྩེ་མོ་དང་སྐེ་རྒྱབ་མདོག་སྐྱ་བོ་ཡིན་ཞིང་། མིག་དང་སྨིན་མ་མདོག་དམར་སྨུག་ཡིན། ཁོག་སྟོད་ཀྱི་ཁ་མདོག་ནི་རྒྱ་ཤར་སྐྱ་བོ་དང་། གྲེ་བ་དང་བྲང་ཁོག་ནི་སེར་སྐྱ་ཡིན། གྲོད་པའི་ཁ་དོག་ནི་སྨུག་སྐྱ་ཡིན།

ཁྱབ་གནས། འདབ་པ་རྫོང་།

125. 红胁绣眼鸟 *Zosterops erythropleurus*

雀形目绣眼鸟科　　二级

识别要点：通体黄绿色，具有标志性的白色眼圈。上体黄绿色带点灰色，喉部鲜黄色，胸腹白色，两胁栗色。

分布：全州 18 个县市。

༡༢༥　བྱིའུ་མིག་དམར། བྱིའུ་ལྗང་སེར་རིགས། རིམ་པ་གཉིས་པ།

ངོས་འཛིན་གཙོ་གནད། སྤྱི་གཟུགས་ལྗང་སེར་ཡིན་པ་དང་། མཚོན་རྟགས་རང་བཞིན་གྱི་མིག་མཐའ་དཀར་པོ་ཡོད་ཅིང་། ཁོག་སྟོད་ལྗང་སེར་ལ་མདོག་སྐྱ་བོ་འདྲེས་པ། གྲེ་བའི་མདོག་ནི་སེར་པོ་ཡིན། གྲོད་པ་དཀར་པོ་དང་མཆན་གྱི་མདོག་ནི་ཁམ་ནག་ཡིན།

ཁྱབ་གནས། ཁུལ་ཡོངས་ཀྱི་རྫོང་དང་གྲོང་ཁྱེར་བཅོ་བརྒྱད་དུ་གནས་ཡོད།

126. 画眉 *Garrulax canorus*

雀形目噪鹛科　　二级

识别要点：通体棕褐色。眼圈及眉纹白色。顶冠及颈背有偏黑色纵纹。

分布：泸定、九龙。

༡༢༦ འཛོལ་མོ། བྱིའུ་དབྱིབས་ཅན་གྱི་འཛོལ་མོ་རིགས། རིམ་པ་གཉིས་པ།

ངོས་འཛིན་གཙོ་གནད། སྤྱི་གཟུགས་ཀྱི་ཁ་དོག་ཁམ་སེར་ཡིན། མིག་ར་དང་སྨིན་རིས་དཀར་པོ། མགོ་སྤྱིང་

དང་སྐེ་རྒྱབ་ལ་ཅུང་ནག་པའི་གཞུང་རིས་ཡོད།

ཁྱབ་གནས། ལྕགས་ཟམ་ཁ། བརྒྱད་ཟིལ།

127. 斑背噪鹛 *Garrulax lunulatus*

雀形目噪鹛科　　二级

识别要点：具明显的白色眼斑，上体及两胁具有鳞状斑纹。初级飞羽及外侧尾羽的羽缘灰色。尾尖白色。

分布：康定、泸定、雅江、白玉。

༡༢༧ འཛོལ་མོ་སྒལ་ཁྲ། བྱིའུ་དབྱིབས་ཅན་གྱི་འཛོལ་མོ་རིགས། རིམ་པ་གཉིས་པ།

ངོས་འཛིན་གཙོ་གནད། ཆེས་གསལ་བའི་མིག་མདོག་དཀར་པོ་ཅན་གྱི་ཁྲ་ཚན་ཡོད་ཅིང་། ཁོག་སྟོད་དང་མཆན་ཁུག་གཉིས་ལ་ཉ་ཁྲབ་དབྱིབས་ཀྱི་ཁྲ་ཐིག་ཡོད། དམའ་རིམ་འཕུར་སྒྲོ་དང་ཕྱིའི་རྔ་སྒྲོའི་མཐའ་སྐྱ་བོ་ཡིན། རྔ་རྩེ་དཀར་པོ་ཡིན།

ཁྱབ་གནས། དར་མདོ། ལྕགས་ཟམ་ཁ། ཉག་ཆུ་ཁ། དཔལ་ཡུལ།

128. 大噪鹛 *Garrulax maximus*

雀形目噪鹛科　　二级

识别要点：尾长，头顶及颈部深灰褐色。背羽具白色点斑，胸部具黑色横纹。

分布：全州 18 个县市。

༡༢༨ འཛོལ་མོ་ གླུ་བཀྱ། བྱིའུ་དབྱིབས་ཅན་གྱི་འཛོལ་མོ་རིགས། རིམ་པ་གཉིས་པ།

ངོས་འཛིན་གཙོ་གནད། རྔ་མ་རིང་བ། མགོ་དང་སྐེ་མདོག་སྨུག་པོ། རྒྱབ་སྤུ་མདོག་དཀར་ཐིག་ཅན་དང་བྲང་ཁ་ནག་པོ་ཅན་གྱི་འཕྲེད་རིས་ཡོད།

ཁྱབ་གནས། ཁུལ་ཡོངས་ཀྱི་རྫོང་དང་གྲོང་ཁྱེར་བཅོ་བརྒྱད་དུ་གནས་ཡོད།

129. 眼纹噪鹛 *Garrulax ocellatus*

雀形目噪鹛科　　二级

识别要点：头部及喉部黑色，上体及胸侧具粗重点斑。背羽具白色点斑，胸部具黑色横纹。

分布：全州 18 个县市。

༡༢༩ འཛོལ་མོ་མིག་རིས། བྱེའུ་དབྱིབས་ཅན་གྱི་འཛོལ་མོ་རིགས། རིམ་པ་གཉིས་པ།

ངོས་འཛིན་གཙོ་གནད། མགོ་དང་གྲེ་བའི་ཅན་གྱི་ནག་པོ། ཁོག་སྟོད་དང་བྲང་གི་གཞོགས་སུ་སྦོམ་པའི་ཁྲ་ཐིག་ཡོད། རྒྱབ་སྤུ་མདོག་དཀར་ཐིག་ཅན་དང་བྲང་ཁ་ནག་པོ་ཅན་གྱི་འཕྲེད་རིས།

ཁྱབ་གནས། ཁུལ་ཡོངས་ཀྱི་རྫོང་དང་གྲོང་ཁྱེར་བཅོ་བརྒྱད་དུ་ཁྱབ་ཡོད།

130. 橙翅噪鹛 *Trochalopteron elliotii*

雀形目噪鹛科　　二级

识别要点：通体灰褐色，眼睛浅白色。臀部及下腹部黄褐色。翅膀具有橙色斑块。尾羽灰色而尾端白色，外侧偏黄。

分布：全州 18 个县市。

༡༣༠ འཛོལ་མོ་གསེར་འདབ། བྱིའུ་དབྱིབས་ཅན་གྱི་འཛོལ་མོ་རིགས། རིམ་པ་གཉིས་པ།

ངོས་འཛིན་གཙོ་གནད། སྤྱི་གཟུགས་ཁམ་མདོག་དང་མིག་མདོག་དཀར་སྐྱ་ཡིན། ཤོང་དོ་དང་སྨད་གྲོད་ནི་མདོག་ཁམ་སེར་ཡིན། གཤོག་པ་གཉིས་ལ་མདོག་སེར་པོའི་ཁྲ་ཚན་ཡོད། རྔ་སྤུ་སྐྱ་བོ་ཡིན་ཞིང་རྔ་སྣེ་དཀར་པོ་ཡིན། ཕྱི་ཕྱོགས་སུ་མདོག་སེར་ཤས་ཆེ་བ།

ཁྱབ་གནས། ཁུལ་ཡོངས་ཀྱི་རྫོང་དང་གྲོང་ཁྱེར་བཅོ་བརྒྱད་དུ་གནས་ཡོད།

131. 红翅噪鹛 *Trochalopteron formosum*

雀形目噪鹛科　　二级

识别要点：两翼及尾羽深红色。头顶及脸颊灰色具黑色纵纹，白色耳羽外缘黑色，喉部深灰色，背部褐色。

分布：康定、泸定。

༡༣༡ འཇོལ་མོ་གཤོག་དམར། བྱིའུ་དབྱིབས་ཅན་གྱི་འཇོལ་མོ་རིགས། རིམ་པ་གཉིས་པ།

ངོས་འཛིན་གཙོ་གནད། གཤོག་ཟུང་དང་རྫ་སྒྲོ་མདོག་དམར་ནག་ཡིན། མགོ་དང་གདོང་གི་མདོག་སྐྱ་བོ་ཞིང་ནག་པོའི་ཁྲ་ཚན་ཡོད་ཅིང་། རྣ་བའི་སྤུ་དཀར་པོ་ཕྱི་ལ་ནག་པོ་ལྡན། གྲེ་བའི་མདོག་ནག་དང་རྒྱབ་ཀྱི་ཁམ་མདོག་ཡིན།

ཁྱབ་གནས། དར་མདོ། ལྕགས་ཟམ་ཁ།

132. 灰胸薮鹛 *Liocichla omeiensis*

雀形目噪鹛科　　一级

识别要点：上体灰橄榄色，下体及脸侧灰色。眉纹及颈侧橄榄黄色。有明显的橙色翼斑，初级飞羽及三级飞羽黑色，尾端红色。

分布：康定、泸定。

༡༣༢ འཇོལ་མོ་བྲང་ཐལ། འཇོལ་མོ་རིགས། རིམ་པ་དང་པོ།

ངོས་འཛིན་གཙོ་གནད། ཁོག་སྟོད་རྒྱ་ཨར་མདོག་དང་། ཁོག་སྨད་དང་གདོང་གཞོགས་ཀྱི་མདོག་སྐྱ་བོ་ཡིན། སྨིན་མ་དང་སྐེ་གཞོགས་ཀྱི་མདོག་རྒྱ་ཨར་སེར་པོ། ལི་མདོག་གི་གཤོག་ཁྲ་མངོན་པར་དོད་ཅིང་། དམའ་རིམ་འཕུར་སྒྲོ་དང་རིམ་པ་གསུམ་པའི་འཕུར་སྒྲོ་ནག་པོ། མཇུག་སྣེ་དམར་པོ་བཅས་ཡོད།

ཁྱབ་གནས། དར་མདོ། ལྕགས་ཟམ་ཁ།

133. 红嘴相思鸟 *Leiothrix lutea*

雀形目噪鹛科　　二级

识别要点：嘴红色。上体橄榄绿色，眼周有黄色块斑，下体橙黄色。尾羽略分叉。翅膀具有红色和黄色斑块。

分布：康定、泸定、九龙、理塘、稻城、雅江。

༡༣༣ བྱིའུ་མཆོ་མ། འཛོལ་མོ་རིགས། རིམ་པ་གཉིས་པ།

ངོས་འཛིན་གཙོ་གནད། མཆུ་ཏོ་དམར་པོ། ཁོག་སྟོད་སྐྱུ་རུ་ར་ལྗང་མདོག་ཡིན། མིག་གི་མཐའ་ལ་མདོག་སེར་པོ་ཅན་གྱི་ཁྲ་ཐིག་ཡོད། ཁོག་སྨད་ལི་སེར་ཡིན། མཇུག་སྒྲོ་ཅུང་ཁ་གྱེས་ཡོད་ཅིང་། གཤོག་པར་དམར་པོ་དང་སེར་པོ་ཅན་གྱི་ཁྲ་ཐིག་ཡོད།

ཁྱབ་གནས། དར་མདོ། ལྕགས་ཟམ་ཁ། བརྒྱད་ཟླ། ལི་ཐང་། འདབ་པ། ཉག་ཆུ་ཁ།

134. 四川旋木雀 *Certhia tianquanensis*

雀形目旋木雀科　　二级

识别要点：胸腹部灰棕色，喉部白色，嘴较短而略向下弯。喜欢头朝上紧贴树干并螺旋向上攀爬。

分布：康定、泸定。

༡༣༤ སི་ཁྲོན་ཤིང་ཁུག་འཛོངས་དམར། བྱིའུ་ཤིང་ཁུག་འཛོངས་དམར་རིགས། རིམ་པ་གཉིས་པ།

ངོས་འཛིན་གཙོ་གནད། བྲང་ལོག་དང་གསུས་ལོག་སྐྱ་མདོག་ཡིན་ལ། གྲེ་བ་དཀར་པོ། མཆུ་ཐུང་ཙམ་ཞིང་ཅུང་གུག་པ། མགོ་བོ་སྟེང་བོའི་ཡལ་ག་ལ་སྦྱར་བར་དགའ་བ་མ་ཟད། ད་དུང་སྐོར་འཁྱིལ་དུ་སྟེང་མགོར་འཛེགས་པར་དགའ།

ཁྱབ་གནས། དར་མདོ། ལྕགས་ཟམ་ཁ།

135. 滇䴓 *Sitta yunnanensis*

雀形目䴓科　　二级

识别要点：嘴尖细，尾短呈方形。黑色的贯眼纹上面有狭窄的白色眉纹。脸侧及喉白色，下体皮黄色。

分布：雅江、巴塘。

༡༣༥ ཡུན་ནན་ཞིང་རྫི། ཞིང་རྫི་རིགས། རིམ་པ་གཉིས་པ།

ངོས་འཛིན་གཙོ་གནད། མཆུ་ཏོ་རྣོ་ཞིང་ཕྲ་ལ། རྔ་མ་ཐུང་ཞིང་གྲུ་བཞི་ཡིན་ལ། མིག་རིས་ནག་པོའི་སྟེང་དུ་གུ་དོག་པའི་སྨིན་རིས་དཀར་པོ་ཡོད། གདོང་གཞོགས་དང་མགྲིན་པ་དཀར་པོ། ཁོག་སྨད་སེར་པོ་ཡིན།

ཁྱབ་གནས། ཉག་ཆུ་ཁ། འབའ་ཐང་།

136. 紫宽嘴鸫 *Cochoa purpurea*

雀形目鸫科　　二级

识别要点：顶冠、大覆羽及飞羽蓝紫色，翼端黑色；下体蓝紫色，尾羽淡紫色而尾端黑色。雌鸟似雄鸟，但上体红褐色，下体浅褐色。

分布：白玉、九龙。

༡༣༦ ཁ་ལ་རྒྱ་སྨུག བྱིའུ་དབྱིབས་ཅན་གྱི་ཁ་ལ་རིགས། རིམ་པ་གཉིས་པ།

ངོས་འཛིན་གཙོ་གནད། མགོ་རྩེ་མོ་དང་སྒྲོ་ཆེན། འཕུར་སྒྲོ་བཅས་སྔོ་སྨུག་ཡིན་པ། གཤོག་རྩེ་ནག་པོ། འོག་སྨད་སྔོ་སྨུག་དང་། མཇུག་སྒྲོའི་སྨུག་སྐྱ་ཞིང་ཇ་མགོའི་ནག་པོ། མོ་བྱ་ནི་བྱ་ཕོ་ཞིག་དང་འདྲ་མོད། འོན་ཀྱང་འོག་སྟོད་དམར་སྨུག འོག་སྨད་སྨུག་སྐྱ་ཡིན།

ཁྱབ་གནས། དཔལ་ཡུལ། བརྒྱད་ཟིལ།

137. 红喉歌鸲 *Calliope calliope*

雀形目鹟科　　二级

识别要点：喉部鲜红色。头具有醒目的白色眉纹和颊纹；尾褐色，两胁及腹部皮黄色。雌鸟胸部近褐色，头部有独特黑白色条纹。

分布：雅江、稻城、康定、白玉。

༡༣༧ གླུ་བྱིའུ་ཁམ་པ། བྱིའུ་དབྱིབས་ཅན་གྱི་སོས་བྱིའུ་རིགས། རིམ་པའི་གཉིས་པ།

ངོས་འཛིན་གཙོ་གནད། གྲེ་བའི་ཁ་དོག་དམར་པོ། མགོ་ལ་ཆེས་གསལ་བ་དང་། སྨིན་རིས་དཀར་པོ་དང་འགྲམ་རིས་དཀར་པོ་ཡོད། རྔ་མ་སྨུ་མདོག མཆན་ཁུང་གཉིས་དང་གྲོད་ཁོག་པགས་པ་སེར་པོ། མོ་བྱའི་བྲང་ཁ་སྨུ་མདོག་ཉེ་བ་དང་། མགོ་ལ་རི་མོ་དཀར་ནག་གི་འཕྲད་རིས་ཁྱད་ཆོས་ལྡན་ཡོད།

ཁྱབ་གནས། ཉག་ཆུ་ཁ། འདབ་པ། དར་མདོ། དཔལ་ཡུལ།

138. 金胸歌鸲 *Calliope pectardens*

雀形目鹟科　　二级

识别要点：腹部污白色，喉胸部橙红色，颈侧具白色斑块。上体蓝灰色，两翼及尾黑褐色，头侧及颈黑色。尾基部具白色点斑。雌鸟褐色，尾羽无白色点斑。

分布：康定、泸定。

༡༣༨ སྤུ་བྱིའུ་ཐོང་གསེར། བྱིའུ་དབྱིབས་ཅན་གྱི་སོས་བྱིའུ་རིགས། རིམ་པ་གཉིས་པ།

ངོས་འཛིན་གཙོ་གནད། གྲོད་ཁོག་མདོག་དཀར་པོ། གྲེ་བའི་དང་བྲང་ཁ་མདོག་ལི་དམར་ཡིན་པ། སྐེ་གཞོགས་ལ་དཀར་ཁྲ་རྒྱུག་པ། ཁོག་སྟོད་སྔོ་སྐྱ། གཤོག་ཟུང་དང་ཇ་མ་ནི་སྨུ་མདོག་ཡིན། ཐག་ཆོད། མགོ་གཞོགས་དང་སྐེ་ནག་པོ། མཇུག་གི་རྩང་ལ་དཀར་ཁྲ་རྒྱུག་ཡོད། མོ་བྱ་མདོག་སྨུ་པོ། མཇུག་སྒྲོར་ཁྲ་ཐིག་དཀར་པོ་མེད།

ཁྱབ་གནས། དར་མདོ། ལྕགས་ཟམ་ཁ།

139. 蓝喉歌鸲 *Luscinia svecica*

雀形目鹟科　　二级

识别要点：喉部蓝红色相间，眉纹白色，飞行时可见外侧尾羽基部的棕色。上体灰褐色，下体白色，尾深褐色。雌鸟喉白色。

分布：康定、泸定。

༡༣༩ བྱི་ཅིའུ་མགྲིན་སྔོན། སོས་བྱིའུ་རིགས། རིམ་པ་གཉིས་པ།

ངོས་འཛིན་གཙོ་གནད། གྲེ་བའི་རྒྱུད་ལ་ཁ་མདོག་སྔོ་དམར་འདྲེས་ཡོད་ཅིང་། སྨིན་མ་དཀར་པོ་ཡིན་པ། འཕུར་སྐྱོད་བྱེད་སྐབས་ཕྱི་ངོས་ཀྱི་ཧ་སྒྲོའི་རྩ་བ་རུ་མདོག་མཐོང་ཐུབ། ཁོག་སྟོད་སྐྱ་སྐྱ། ཁོག་སྨད་དཀར་པོ། མཇུག་སྒྲོ་སྨུག་པོ། མོ་བྱའི་མགྲིན་པ་དཀར་པོ་བཅས་ཡིན།

ཁྱབ་གནས། དར་མདོ། ལྕགས་ཟམ་ཁ།

140. 棕腹大仙鹟 *Niltava davidi*

雀形目鹟科　　二级

识别要点：上体深蓝色，下体棕色。雌鸟灰褐色，尾羽及两翼棕褐色，喉部具白色斑纹，颈侧具辉蓝色小斑块。

分布：康定、泸定、丹巴、九龙、稻城。

༡༤༠ སོས་བྱིའུ་གསུམ་ཁམ། སོས་བྱིའུ་རིགས། རིམ་པ་གཉིས་པ།

ངོས་འཛིན་གཙོ་གནད། ཁོག་སྟོད་མདོག་སྔོ་ནག་དང་། ཁོག་སྨད་མདོག་སྨུག་པོ། མོ་བྱ་ནི་མདོག་སྨུག་སྐྱ་དང་། མཇུག་སྒྲོ་དང་གཤོག་ཟུང་ཁམ་སྨུག་ཡིན་པ། གྲེ་བའི་ངོས་སུ་ཁྲ་ཐིག་དཀར་པོ་ཡོད་ཅིང་། སྐེ་ངོས་སུ་མདོག་སྔོན་པོའི་ཁྲ་ཐིག་ཆུང་ཆུང་ཡོད།

ཁྱབ་གནས། དར་མདོ། ལྕགས་ཟམ་ཁ། རོང་བྲག བརྒྱད་ཟིལ། འདབ་པ།

141. 朱鹀 *Urocynchramus pylzowi*

雀形目朱鹀科　　二级

识别要点：尾甚长，嘴细，上体褐色斑驳。繁殖期雄鸟的眉纹、喉胸部及尾羽羽缘粉色。雌鸟胸部皮黄色具深色纵纹，尾羽基部浅粉色。

分布：色达、石渠、白玉、雅江、理塘、巴塘、新龙。

༡༤༡ གར་བྱིའུ། བྱིའུ་དབྱིབས་ཅན་གྱི་གར་བྱིའུ་རིགས། རིམ་པ་གཉིས་པ།

ངོས་འཛིན་གཙོ་གནད། ཇ་མ་རིང་བ་དང་མཆུ་ཏོ་ཕྲ་བ། ཁོག་སྟོད་ཁམ་མདོག་ཁྲ་ཁྲ། སྐྱེ་འཕེལ་དུས་སུ་ཕོ་བྱ་ཡི་སྨིན་མ་དང་གྲེ་བྲང་། མཇུག་སྒྲོའི་བཅས་ཟེང་སྐྱ་ལྡན། མོ་བྱའི་བྲང་ངོས་ཀྱི་པགས་ཀྱི་མདོག་སེར་པོ་ཅན་གྱི་གཞུང་རིས་མཆིས། མཇུག་སྒྲོའི་སྟེང་དུ་སྐྱ་སྐྱ་ཡོད།

ཁྱབ་གནས། གསེར་རྟ་དང་། ཛ་ཆུ་ཁ། དཔལ་ཡུལ་རྫོང་། ཉག་ཆུ་ཁ། ལི་ཐང་། འབའ་ཐང་། ཉག་རོང་རྫོང་།

142. 藏雀 *Carpodacus roborowskii*

雀形目燕雀科　　二级

识别要点：雄鸟通体红色，头深红色，嘴黑色而尖细。雌鸟黄褐色，胸部纵纹浓密，嘴黄色。

分布：石渠。

༡༤༢ གངས་བྱ། བྱིའུ་དབྱིབས་ཅན་གྱི་བྱིའུ་ཁྱུག་རྟ་རིགས། རིམ་པ་གཉིས་པ།

ངོས་འཛིན་གཙོ་གནད། ཕོ་བྱ་ཆེན་པོའི་སྤྱི་ལུས་དམར་ཞིང་། མགོ་དམར་སྨུག ཁ་ནག་ལ་སྲབ་པ། མོ་བྱ་ནི་ཁ་དོག་སེར་པོ། བྲང་ཁ་ནག་ཅིང་གཞུང་རིས་སྟུག་པོ། ཁ་སེར་པོ་ཡིན།

ཁྱབ་གནས། རྫ་ཆུ་ཁ།

143. 红交嘴雀 *Loxia curvirostra*

雀形目燕雀科　　二级

识别要点：上下嘴交错。雄鸟全身砖红色，两翼及尾羽为黑褐色。雌鸟通体橄榄绿色。

分布：德格、白玉、色达、雅江、理塘、巴塘。

༡༤༣ བྱིའུ་མཆུ་སློལ། བྱིའུ་དབྱིབས་ཅན་གྱི་བྱིའུ་ཁྱུག་ཏ་རིགས། རིམ་པ་གཉིས་པ།

ངོས་འཛིན་གཙོ་གནད། སྟོད་མཆུ་དང་སྨད་མཆུ་སློལ་འདྲིས་ཡོད། ཕོ་བྱའི་ལུས་ཀྱི་སོ་ཕག་དམར། གཤོག་གཉིས་དང་མཇུག་སྒྲོའི་ཁ་དོག་དམར་ནག་ཡིན། མོ་བྱ་སྤྱི་ལུས་མདོག་ནི་སྐྱུ་རུ་ར་ལྗང་ཡིན།

ཁྱབ་གནས། སྡེ་དགེ དཔལ་ཡུལ། གསེར་རྟ། ཉག་ཆུ་ཁ། ལི་ཐང་། འབའ་ཐང་།

144. 蓝鹀 *Emberiza siemsseni*

雀形目鹀科　　二级

识别要点：通体蓝灰色，仅腹部、臀部及尾羽外缘白色。雌鸟为暗褐色而无纵纹，具两道锈色翼斑，腰灰色，头及胸部棕色。

分布：康定、泸定、丹巴、九龙。

༡༤༤ གཟི་བྱིའུ་སྔོ་པོ། བྱིའུ་དབྱིབས་ཅན་གྱི་གཟི་བྱིའུ་རིགས། རིམ་པ་གཉིས་པ།

ངོས་འཛིན་གཙོ་གནད། སྤྱི་གཟུགས་སྔོ་ནག གསུས་ལོག་དང་འཕོངས་ལག མཇུག་སྒྲོའི་ཕྱིའི་མཐའ་བཅས་དཀར་པོ་ཡིན། མོ་བྱ་ནི་ཁ་དོག་སྨུག་པོར་གྱུར་ནས་གཞུང་རིས་མེད་པ་དང་། ཙ་མདོག་གཉིས་ལྡན་གཤོག་ཁྲ། སྐེད་སྐྱ། མགོ་དང་བྲང་ཁོག་ཇ་མདོག་ཡིན།

ཁྱབ་གནས། དར་མདོ། ལྕགས་ཟམ་ཁ། རོང་བྲག བརྒྱད་ཟླ།

145. 藏鹀 *Emberiza koslowi*

雀形目鹀科　　二级

识别要点：头顶黑，眉纹白色，颈圈灰色，背栗色，腰灰色。白色喉部外缘为黑色，下体灰色，飞羽黑色。雌鸟背部栗色具黑色纵纹，喉部褐色具纵纹，眉纹色浅。

分布：石渠、德格、白玉。

༡༤༥ གཟེ་བྱིའུ། བྱིའུ་དབྱིབས་ཅན་གྱི་གཟེ་བྱིའུ་རིགས། རིམ་པ་གཉིས་པ།

ངོས་འཛིན་གཙོ་གནད། མགོ་སྟེང་དུ་ནག་པོ་དང་། སྨིན་རིས་དཀར་པོ། སྐེ་གོར་སྐྱ་བོ། རྒྱབ་ལི་མདོག སྐེད་སྐྱ་བོ་བཅས་ཡིན། མདོག་དཀར་པོ་ཅན་གྱི་གྲེ་བའི་ཕྱི་སྣེ་ནི་ནག་པོ་ཡིན་ལ། ཁོག་སྨད་མདོག་སྐྱ་བོ་དང་སྒྲོ་ནག་པོ་ཡིན། མོ་བྱ་རྒྱབ་ཏུ་ཁ་དོག་ལི་སེར་ཅན་གྱི་གཞུང་རིས་ནག་པོ་ཡོད་ཅིང་། གྲེ་བའི་ཁ་དོག་སྨུག་པོའི་གཞུང་རིས་ཡོད་ལ། སྨིན་མའི་སེར་སྐྱ་ཡོད།

ཁྱབ་གནས། ཟ་ཆུ་ཁ། སྡེ་དགེ དཔལ་ཡུལ།

爬 行 类

PAXINGLEI

146. 巴塘龙蜥 *Diploderma batangense*

有鳞目鬣蜥科　　二级

识别要点：全身草绿色，头背部具较规则的深色横斑，眼眶四周具黑色辐射纹。雄性喉囊绿色，躯干部两侧各有一条灰白色纵纹；雌体纵纹较细窄或不明显。

分布：巴塘、得荣。

༡༤༦ འབའ་ཐང་རྩངས་པ། ཉ་ཁྲབ་དབྱིབས་ཅན་གྱི་རྩངས་པའི་རིགས། རིམ་པ་གཉིས་པ།

ངོས་འཛིན་གཙོ་གནད། ལུས་ཡོངས་ནི་ལྗང་མདོག་དང་། མགོ་རྒྱབ་ཏུ་སྒྲིག་སྲོལ་ཅུང་ཆེ་བའི་ནག་ཐིང་འཕྲེད་རིས། མིག་ཀོང་གི་ཕྱོགས་བཞིར་ནག་པའི་འགྱེད་འཕྲོའི་རི་མོ་བཅས་ཡོད། ཕོ་རིགས་ཀྱི་མིད་པ་ལྗང་ཁུ་ཡིན་པ་དང་། ལུས་གཞུང་གི་གཞོགས་གཉིས་སུ་དཀར་སྐྱའི་གཞུང་རིས་རེ་ཡོད། མོ་རིགས་ཀྱི་གཟུགས་གཞུང་རིས་ཅུང་ཕྲ་ཞིང་དོག་པའམ་མངོན་གསལ་མིན།

ཁྱབ་གནས། འབའ་ཐང་།

147. 横斑锦蛇 *Euprepiophis perlaceus*

有鳞目游蛇科　　二级

识别要点：背面灰褐色，镶有不完整白边的黑色横斑，黑色横斑中个别鳞片白色。头椭圆形，与颈略有区分。

分布：泸定、九龙。

༡༤༧ སྦྲུལ་ཁྲ་ཁྲ། ཉ་ཁྲབ་དབྱིབས་ཅན་གྱི་རྐྱལ་སྦྲུལ་རིགས། རིམ་པ་གཉིས་པ།

ངོས་འཛིན་གཙོ་གནད། རྒྱབ་ངོས་སུ་ཁ་དོག་སྐྱ་སྨུག་པོ། མཐའ་དཀར་པོས་བརྒྱན་ཡོད་པའི་ནག་པོའི་འཕྱེད་ཐིག་དང་། ནག་པོའི་འཕྱེད་ཁྲ་ནང་གི་ཁྲབ་འགའ་དཀར་པོ་ཡོད། མགོ་འཇོང་དབྱིབས་དང་སྐེ་གཉིས་ལ་ཁྱད་པར་ཅུང་ཡོད།

ཁྱབ་གནས། ལྕགས་ཟམ་ཁ། བརྒྱད་ཟིལ།

148. 四川温泉蛇 *Thermophis zhaoermii*

有鳞目游蛇科　　一级

识别要点：头、颈可区分。通体背面橄榄绿色或浅棕色或褐色，体背具 5 条纵行色带，中间 1 行颜色最深。两侧具黑色点斑。

分布：理塘、巴塘、白玉。

༡༤༨ སི་ཁྲོན་ཆུ་ཚན་སྦྲུལ། ཞ་ཁྲབ་དབྱིབས་ཅན་གྱི་རྒྱལ་སྦྲུལ་རིགས། རིམ་པ་དང་པོ།

ངོས་འཛིན་གཙོ་གནད། མགོ་དང་སྐེ་གཉིས་སུ་དབྱེ་ཆོག ལུས་ཡོངས་ཀྱི་རྒྱབ་ངོས་སུ་རྒྱ་ཨར་ལྗང་ཁུ་དང་རྫ་མདོག་ཡང་ན་སྨུག་མདོག རྒྱབ་ལ་གཞུང་གི་མདོག་རྒྱུད་༥ཡོད་ཅིང་། དཀྱིལ་གྱི་ཐིག་ཕྲེང་༡གི་ཁ་དོག་ནི་ཆེས་ཟབ་པ་ཡིན། གཞོགས་གཉིས་ལ་ནག་ཐིག་ཡོད།

ཁྱབ་གནས། ལི་ཐང་། འབའ་ཐང་། དཔལ་ཡུལ།

两 栖 类

LIANGQILEI

149. 无斑山溪鲵 *Batrachuperus karlschmidti*

有尾目小鲵科　　二级

识别要点：嘴略呈方形，尾略短于体长，基部略圆，向后侧扁。皮肤无斑点，体背黑褐色，腹面颜色亮。

分布：道孚、德格、甘孜、九龙、康定、炉霍、理塘、色达、雅江。

༡༤༩ ཁྲ་མེད་ད་བྱིད། ཛ་མ་ལྷན་པའི་ད་བྱིད་རིགས། རིམ་པའི་གཉིས་པ།

ངོས་འཛིན་གཙོ་གནད། ཁ་ནི་གྲུ་བཞི་ཡིན་ཞིང་ཛ་མ་ནི་ལུས་པོའི་རིང་ཚད་ལས་ཐུང་ལ་གཞི་སྒོར་མོ། རྒྱབ་ཀྱི་ཐུར་ལེབ་རེད། པགས་པ་ཁྲ་མེད། ལུས་རྒྱབ་ནག་སྨུག་དང་། གསུས་ངོས་ཀྱི་ཁ་དོག་གསལ།

ཁྱབ་གནས། རྟའུ། སྡེ་དགེ དཀར་མཛེས། བརྒྱད་ཟིལ། དར་མདོ། བྲག་འགོ ལི་ཐང་། གསེར་རྟ། ཉག་ཆུ་ཁ།

150. 大凉螈 *Liangshantriton taliangensis*

有尾目蝾螈科　　二级

识别要点：头部扁平，头长略大于头宽，头顶下凹，头背面两侧棱脊显著；嘴近方形；尾基部较宽，尾末端钝尖；体腹面颜色较体背面略浅。体背部布满疣粒。

分布：九龙。

༡༥༠ ད་ལང་ཆུ་རྩངས། ཛ་མ་ལྡན་པའི་ཆུ་རྩངས་རིགས། རིམ་པ་གཉིས་པ།

ངོས་འཛིན་གཙོ་གནད། མགོ་ལེབ་ཅིང་རིང་ཚད་མགོ་ཞེང་ལས་ཅུང་ཆེ་བ་དང་། མགོ་འོག་ཛེབ་པ། མགོའི་རྒྱབ་ངོས་ཀྱི་ཟུར་གཉིས་མངོན་གསལ་ཡིན་ཞིང་། ཁ་གྲུ་བཞི་དང་ཉེ་བ། མཇུག་མའི་གནས་ནི་ཅུང་ཡངས་པ་དང་མཇུག་སྣེའི་རྟུལ་རྩེ་ཡིན། ལུས་པོའི་གསུས་ངོས་ཀྱི་ཁ་དོག་ནི་ལུས་པོའི་རྒྱབ་ངོས་ལས་ཅུང་སྐྱབ་པ། ལུས་པོའི་རྒྱབ་དུ་འཛེར་རིལ་གྱིས་ཁེངས།

ཁྱབ་གནས། བརྒྱད་ཟིལ།

151. 九龙齿突蟾 *Scutiger jiulongensis*

无尾目角蟾科　　二级

识别要点：头较扁平，头宽大于头长，嘴端圆，瞳孔纵向。背面具疣粒，排列不甚规则，疣粒周围深褐色，形成圆形斑；腹面皮肤光滑或略显皱纹状，无斑纹。

分布：九龙。

༡༥༡ བརྒྱད་ཟིལ་འཕར། ཐ་མེད་ཅན་གྱི་ཁས་འཕར་རིགས། རིམ་པ་གཉིས་པ།

ངོས་འཛིན་གཙོ་གནད། མགོ་ལེབ་ཙམ་དང་མགོ་ཡངས་ཤིང་རིང་ཙམ། མཆུ་སྣེ་སྒོར་མོ། རྒྱལ་མོ་གཞུང་ཕྱོགས་བཅས་ཡིན། རྒྱབ་ངོས་སུ་འཛེར་རིལ་ཡོད་པ་དང་། རྒྱབ་ཕྱོགས་འཛེར་རིལ་ལྡན། སྒྲིག་ལུགས་དང་མི་མཐུན་པ། འཛེར་རིལ་གྱི་མཐའ་འཁོར་དུ་སྨུག་པོར་གྱུར་ནས་སྒོར་དབྱིབས་ཀྱི་ཁྲ་ཐིག་གྲུབ། གསུམ་པའི་ངོས་ཀྱི་ཤ་འཇམ་པའམ་ཡང་ན་ཙུང་གསལ་བའི་གཉེར་མ་དབྱིབས། ཁྲ་ཐིག་མེད།

ཁྱབ་གནས། བརྒྱད་ཟིལ།

鱼 类

YULEI

152. 细鳞裂腹鱼 *Schizothorax chongi*

鲤形目鲤科　　二级

识别要点：身体侧扁，背缘明显隆起，胸腹缘略显平直。头锥形，口下位。须两对，约等长；鼻孔位于眼前方，鼻孔间瓣膜发达；眼稍大，侧中位略靠上，眼间距宽平。

分布：康定、雅江、九龙。

༡༥༢ ཁྲབ་ཐྲ་གསུས་གས་ཉ། ཉ་དབྱིབས་ཅན་གྱི་ཉ་ཁྲབ་རིགས། རིམ་པ་གཉིས་པ།

ངོས་འཛིན་གཙོ་གནད། ལུས་པོའི་ཟུར་ལེབ་དང་རྒྱབ་སྒེ་མངོན་གསལ་དོད་པོས་འབུར་བ། བྲང་གི་གསུས་མཐའ་ཅུང་དྲང་སྙོམས་ཡིན། མགོ་སྣུང་དབྱིབས། ཁ་འོག་གནས། ཁ་སྤུ་ཆ་༢ཚོམ་དང་རིང་ཚད་འདྲ་མཚུངས་ཡིན། སྣ་ཁུང་ནི་མིག་མདུན་དུ་ཡོད་པ་དང་སྣ་ཁུང་བར་གྱི་འདབ་སྐྱི་རྒྱས་ཡོད། མིག་ཅུང་ཆེ་བ་དང་། གཞོགས་དཀྱིལ་ཅུང་མཐོ་བ། མིག་གི་བར་ཐག་སྙོམས་པ་ཡིན།

ཁྱབ་གནས། དར་མདོ། ཉག་ཆུ་ཁ། བརྒྱད་ཟིལ།

153. 重口裂腹鱼 *Schizothorax davidi*

鲤形目鲤科　　二级

识别要点：身体呈纺锤形，侧扁。全身被细鳞，侧线明显。头圆锥形。前后鼻孔紧密相邻，前鼻孔在鼻瓣中，鼻孔靠近眼睛前缘。眼侧上位；口下位，呈弧形。须两对，口角须长于吻须。

分布：康定、泸定。

༡༥༣ སྙོ་བ་གས་ཉ། ཉའི་དབྱིབས་ཅན་གྱི་་ཉ་ཁྲབ་རིགས། རིམ་པ་གཉིས་པ།

ངོས་འཛིན་གཙོ་གནད། ལུས་ཕུང་ནི་འཕང་ལོའི་དབྱིབས་དང་ཟུར་ལེབ་ཡིན། ལུས་པོ་ཧྲིལ་པོ་ཁྲབ་ཕྲ་དང་གཞོགས་ཐིག་མངོན་གསལ་རེད། མགོའི་སྒོར་དབྱིབས། སྔ་ཕྱི་སྣ་ཁུང་དམ་པོར་འབྲེལ་ཡོད། སྣ་ཁུང་སྔོན་མ་དེ་སྣ་འདབ་ནང་དུ་ཡོད། སྣ་ཁུང་དེ་མིག་གི་མདུན་ཕྱོགས་སུ་བཅར། མིག་ཟུར་གོང་མ། ཁའི་འོག་གནས་གཞུ་དབྱིབས་སུ་མངོན་པ། ངེས་པར་དུ་ཁ་སྤུ་ཆ་༢ལྡན། ཁ་ཟུར་ནི་ངེས་པར་དུ་འོ་ཞིག་བྱས་ནས་སྐྱེ་དགོས།

ཁྱབ་གནས། དར་མདོ། ལྕགས་ཟམ་ཁ།

154. 厚唇裸重唇鱼 *Gymnodiptychus pachycheilus*

鲤形目鲤科　　二级

识别要点：身体呈长筒形，稍侧扁。口下位，呈马蹄形，唇发达。口角须一对，较短粗；鼻孔小，位于眼前缘上方；眼略小，侧上位。

分布：石渠、德格、甘孜、新龙、雅江、理塘、炉霍、道孚。

༡༥༤ མཆུ་མཐུག་ལྗིད་ཉ། ཉ་དབྱིབས་ཅན་གྱི་ཉ་ཁྲབ་རིགས། རིམ་པ་གཉིས་པ།

ངོས་འཛིན་གཙོ་གནད། ལུས་པོ་མདོང་རིང་དབྱིབས་སུ་མངོན། ཁའི་འོག་ཏུ་རྟའི་རྨིག་དབྱིབས་དང་འདྲ་ལ་མཆུ་ཡང་རྒྱས་འདུག ཁ་ཟུར་ཁ་སྨྱུ་ཆ་གཅིག་ཡོད་ཅིང་ཐུང་བ་སྦོམ་པོ་ཡིན། སྣ་ཁུང་ཆུང་ཞིང་མིག་མདུན་གྱི་མཐའ་རུ་ཐོག་ཕྱོགས་ལ་གནས་ཡོད། མིག་ཅུང་ཆུང་ལ་གཞོགས་གཅིག་ཏུ་གནས།

ཁྱབ་གནས། ཛ་ཆུ་ཁ། སྡེ་དགེ དཀར་མཛེས། ཉག་རོང་། ཉག་ཆུ་ཁ། ལི་ཐང་། བྲག་འགོ རྟའུ།

155. 青石爬鮡 *Euchiloglanis davidi*

鲇形目鮡科　　二级

识别要点：背稍微隆起，腹面平直。头大而宽扁，嘴端圆；眼小，位于头的背面；口大，下位，横裂。口角周围有小乳突；须四对，鼻须伸至眼睛。侧线平直而明显。身体青灰色，有明显的黄斑，尾鳍中部有一淡黄色斑。

分布：康定、泸定、丹巴。

༡༥༥ རྡོ་སྔོན་འཛུར་ཉ། ཉ་དབྱིབས་ཀྱི་འཛུར་ཉ་རིགས། རིམ་པ་གཉིས་པ།

ངོས་འཛིན་གཙོ་གནད། རྒྱབ་ཙུང་འབུར་བ། ལྟོ་བ་དྲང་བ། མགོ་ཆེ་ཞིང་ལེབ་པ། ཁ་ཟླུམ་པོ། མིག་ཆུང་བ་མ་ཟད་མགོ་ཡི་རྒྱབ་ན་ཡོད་པ། ཁ་ཆེ་བ། སྨད་ལ་འཕྱེད་དུ་གས་པ། ཁ་ཟུར་གྱི་མཐའ་འཁོར་དུ་ནུ་འབུར་ཆུང་ལྷར་ཡོད་པ་དང་། ངེས་པར་དུ་ཁ་སྤུ་ཆ་༤སྐྱེ། སྣ་སྤུ་ངེས་པར་དུ་མིག་བར་དུ་བསྲིངས་ཡོད། གཞོགས་ཐིག་དྲང་ཞིང་མངོན་གསལ་དོད་པ། ལུས་པོ་སྐྱ་མདོག་ཡིན་པ་དང་མངོན་གསལ་གྱི་སེར་ཐིག་ཡོད་ཅིང་། རྗེ་གཤོག་གི་དཀྱིལ་དུ་སེར་སྐྱ་ཞིག་ཡོད།

ཁྱབ་གནས། དར་མདོ། ལྕགས་ཟམ་ཁ། རོང་བྲག

156. 川陕哲罗鲑 *Hucho bleekeri*

鲑形目鲑科　　一级

识别要点：体型修长呈梭形，略侧扁；头部无鳞，嘴钝尖；口腔内上下颌均有尖锐的牙齿，背部生有肉鳍；鳞为小圆鳞，无辐状沟纹；侧线完整；腹侧白色。

分布：康定、泸定、丹巴、色达。

༡༥༦ རྨོས་ཉ། ཉ་དབྱིབས་ཅན་གྱི་རྨོས་ཉ་རིགས། རིམ་པ་དང་པོ།

ངོས་འཛིན་གཙོ་གནད། གཟུགས་དབྱིབས་རིང་ཞིང་གཞོགས་ངོས་ལེབ་པ། མགོ་ལ་ཁྲབ་མེད་པ། ཁ་རྣོ་བ། ཁའི་ནང་གི་མ་མགལ་ཚང་མར་རྣོ་ངར་ལྡན་པའི་སོ་ཡོད་པ། རྒྱབ་ཏུ་ཉ་གཤོག་ཤ་ལྡན་སྐྱེས་པ། ཉ་ཁྲབ་ནི་སྒོར་དབྱིབས་ཆུང་བ། འོད་འགྱེད་དབྱིབས་མེད་པའི་ཤུར་ཁྲ། གཞོགས་ཐིག་ཆ་ཚང་བ། ལྟོ་བའི་གཞོགས་ངོས་དཀར་པོ།

ཁྱབ་གནས། དར་མདོ། ལྕགས་ཟམ་ཁ། རོང་བྲག གསེར་རྟ།